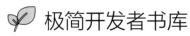

极简开发者书库

极简C#

新手编程之道

关东升◎编著

清华大学出版社

北京

内 容 简 介

本书是一部系统论述 C♯编程语言和实际应用技术的图书,全书共分为 16 章:第 1～6 章讲解 C♯语言基本语法;第 7～10 章讲解 C♯语言面向对象相关知识和.NET 常用类;第 11～16 章讲解了 C♯语言一些实用知识。主要内容包括:第一个 C♯语言程序,C♯语言基本语法,C♯语言数据类型,运算符,条件语句,循环语句,面向对象基础,面向对象进阶,委托、匿名方法和 Lambda 表达式,.NET 常用类,集合,提高程序的健壮性与异常处理,I/O 流,MySQL 数据库编程,Windows 窗体开发和多线程开发。

本书每章都安排了"动手练一练"实践环节,附录 A 中提供了参考答案,旨在帮助读者消化所学知识点。为了方便读者高效学习和快速掌握 C♯语言编程方法,本书作者精心制作了完整的教学课件、配套的源代码和丰富的微课视频教程,并提供在线答疑服务。

本书适合零基础入门的读者,也可作为高等院校和培训机构的教材。

图书在版编目(CIP)数据

极简 C♯:新手编程之道/关东升编著.—北京:清华大学出版社,2024.1
(极简开发者书库)
ISBN 978-7-302-65351-6

Ⅰ.①极… Ⅱ.①关… Ⅲ.①C++语言－程序设计 Ⅳ.①TP312.8

中国国家版本馆 CIP 数据核字(2024)第 024939 号

策划编辑:盛东亮
责任编辑:钟志芳
封面设计:赵大羽
责任校对:韩天竹
责任印制:丛怀宇

出版发行:清华大学出版社
  网 址: https://www.tup.com.cn,https://www.wqxuetang.com
  地 址: 北京清华大学学研大厦 A 座 邮 编: 100084
  社 总 机: 010-83470000 邮 购: 010-62786544
  投稿与读者服务: 010-62776969,c-service@tup.tsinghua.edu.cn
  质量反馈: 010-62772015,zhiliang@tup.tsinghua.edu.cn
  课件下载: https://www.tup.com.cn,010-83470236
印 装 者: 三河市铭诚印务有限公司
经 销: 全国新华书店
开 本: 186mm×240mm 印 张: 16   字 数: 370 千字
版 次: 2024 年 2 月第 1 版   印 次: 2024 年 2 月第 1 次印刷
印 数: 1～1500
定 价: 59.00 元

产品编号: 102601-01

前言

PREFACE

为什么写这本书

C♯语言自 2000 年发布以来已有 20 多年的历史,随着 C♯语言不断更新迭代,它已经完全满足了新时代下各种用户的开发需求。尽管程序员可以选择多种编程语言,但 C♯语言的发展方向与时俱进,备受关注。虽然目前市场上讲解 C♯语言的图书众多,很多书试图涵盖所有细节,致使初学者难以快速入门。广大读者亟待有一本能快速入门的 C♯编程图书。作者出版过许多编程类图书,编程经验丰富。本书是"极简开发者书库"中的一本,是专门为新手入门而设计的 C♯语言入门级教材,将系统讲解 C♯编程语言和实际应用技术。

本书读者对象

本书是一本讲解 C♯语言基础的图书,如果读者想从零开始学习,那么这本书非常合适。本书不仅可作为高校和培训机构的 C♯语言教材,也适合个人自学。

相关资源

为了更好地为广大读者提供服务,本书提供配套的源代码、教学课件、微课视频和在线答疑服务。

如何使用书中配套源代码

本书配套源代码可以在清华大学出版社网站本书页面下载。

下载本书源代码并解压,会看到如图 1 所示的目录结构,其中 chapter1～chapter16 是本书第 1～16 章的示例代码。

打开 chapter6 文件夹可见第 6 章中所有的示例代码文件夹,如图 2 所示,其中每一个文件夹对应一个示例。

打开一个示例代码文件夹例如"6.4.2 continue 语句"文件夹,如图 3 所示,其中 HelloProj. sln 文件就是解决方案文件了,如果已经安装了 Visual Studio,则双击 HelloProj. sln 即可打开示例。

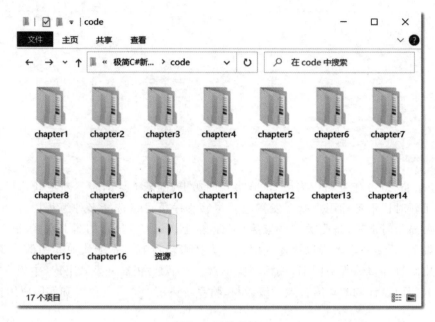

图 1　目录结构

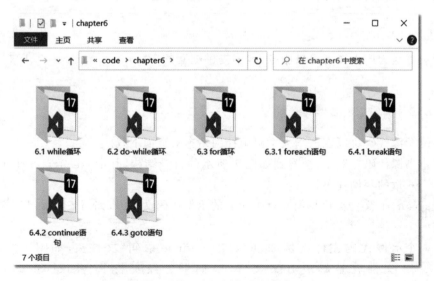

图 2　第 6 章示例代码文件夹

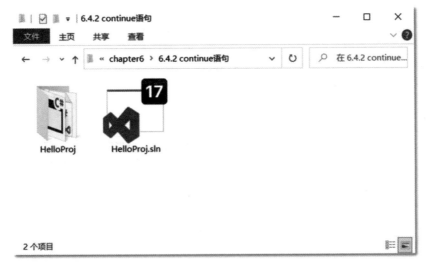

图 3　"6.4.2 continue 语句"文件夹

致谢

感谢清华大学出版社的盛东亮编辑为本书提供宝贵意见。感谢智捷课堂团队的赵志荣、赵大羽、关锦华、闫婷娇、王馨然、关秀华和赵浩丞参与本书部分内容的写作。感谢赵浩丞手绘书中全部草图,并从专业的角度修改书中图片,力求更加真实完美地奉献给广大读者。感谢我的家人容忍我的忙碌,并给予我关心和照顾,使我能投入全部精力,专心编写此书。

由于笔者水平有限,书中难免存在不足之处,恳请读者提出宝贵意见,以便再版时改进。

关东升

2023 年 12 月

知识图谱
CONTENT STRUCTURE

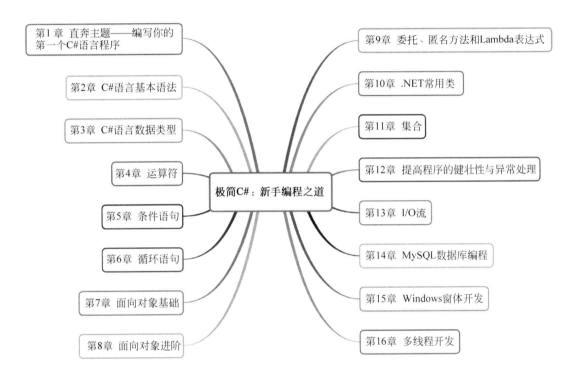

第1章 直奔主题——编写你的第一个C#语言程序

第2章 C#语言基本语法

第3章 C#语言数据类型

第4章 运算符

第5章 条件语句

第6章 循环语句

第7章 面向对象基础

第8章 面向对象进阶

极简C#：新手编程之道

第9章 委托、匿名方法和Lambda表达式

第10章 .NET常用类

第11章 集合

第12章 提高程序的健壮性与异常处理

第13章 I/O流

第14章 MySQL数据库编程

第15章 Windows窗体开发

第16章 多线程开发

目 录
CONTENTS

第 1 章

直奔主题——编写你的第一个 C♯ 语言程序

Hello World 程序通常是学习编程的第一个程序。本章将通过编写 Hello World 程序，让读者熟悉 C♯ 语言的基本语法和程序运行过程。

1.1 搭建开发环境

可以开发 C♯ 程序的工具有很多，但是最简单的工具是微软提供的 Visual Studio，Visual Studio 工具又有很多版本，其中 Visual Studio Community（社区版）是免费的，本书使用该工具向读者介绍 C♯ 语言。

1.1.1 下载 Visual Studio

读者可以从微软网站（如图 1-1 所示），或从本书的配套工具中下载 Visual Studio 工具。

单击下拉按钮，选择Community 2022

图 1-1　下载 Visual Studio

1.1.2　安装 Visual Studio

下载 Visual Studio Community 后会获得安装文件 VisualStudioSetup.exe，双击该文件就可以安装了。安装过程中会弹出如图 1-2 所示安装界面，需要选中".NET 桌面开发"。

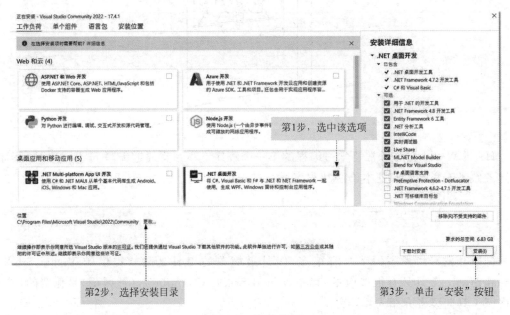

第1步，选中该选项

第2步，选择安装目录

第3步，单击"安装"按钮

图 1-2　安装界面

选择完成后单击"安装"按钮就可以安装了，安装过程是在线的，因此这个过程稍微有点长，请耐心等候。

1.1.3 设置 Visual Studio

Visual Studio Community 安装完成后,第一次启动时,会要求开发人员进行必要的设置,如图 1-3 所示,需要设置其颜色主题,读者根据自己的喜好选择就可以了。

图 1-3 选择颜色主题

除了设置颜色主题外,第一次启动 Visual Studio Community 工具时,还会要求开发人员登录微软账户,如图 1-4 所示。如果读者没有微软账户可以选择跳过,或者创建一个微软账户,具体过程此处不再赘述。

图 1-4 登录微软账户

1.2 编写 C♯语言程序代码

微课视频

Visual Studio 安装好之后,就可以编写 C♯语言程序代码了。

1.2.1 创建 Visual Studio 项目

为了方便管理 C♯语言程序代码,需要创建 Visual Studio 项目,创建步骤如下。

首先启动 Visual Studio,可见如图 1-5 所示的选择项目对话框。

在该对话框中,单击"创建新项目",进入"创建新项目"对话框,如图 1-6 所示,在图中按步骤依次选择。

图 1-5 选择项目对话框

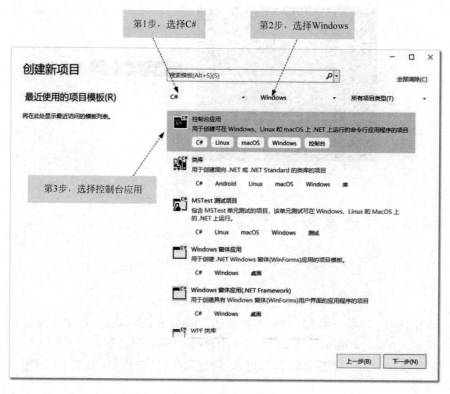

图 1-6 创建新项目

选择完成后,单击"下一步"按钮进入如图 1-7 所示的"配置新项目"对话框,在此可以输入项目名称和项目保存的目录。

图 1-7　"配置新项目"对话框

提示　解决方案和项目的区别是什么? 一个解决方案下可以包括多个项目,项目的文件后缀名是.csproj,解决方案的文件后缀名是.sln。

在图 1-7 所示的"配置新项目"对话框中配置完成后,单击"下一步"按钮,进入如图 1-8 所示"其他信息"对话框,在此不要选择"不使用顶级语句"复选框。

提示　什么是顶级语句呢? 顶级语句就是在应用程序项目中不需要显式地包含Main 方法,顶级语句是从C♯ 9开始支持的新功能,.NET 6.0支持C♯9,如下两段代码可见使用顶级语句和非顶级语句的区别。但是为了兼容旧版本的C#语言程序,也是为了让读者熟悉C♯语言程序的底层逻辑,所以本书的示例全部不使用顶级语句编写。

使用非顶级语句在控制台打印 HelloWorld。

```
namespace HelloProj
{
```

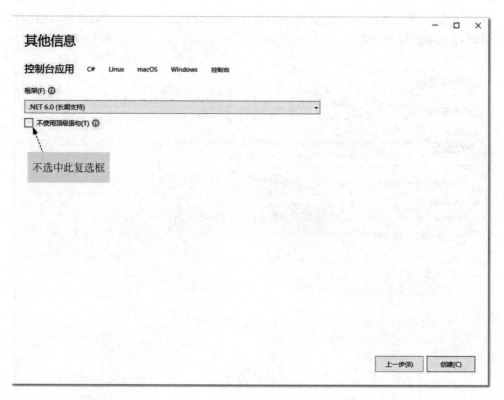

图 1-8　"其他信息"对话框

```
internal class Program
{
    static void Main(string[] args)
    {
        Console.WriteLine("Hello, World!");
    }
}
```

使用顶级语句在控制台打印 HelloWorld。

```
Console.WriteLine("Hello, World!");
```

选择完成后，单击"创建"按钮创建项目，出现如图 1-9 所示的对话框。

项目创建成功后，创建项目的文件夹类似于如图 1-10 所示内容，其中 HelloProj. sln 文件就是解决方案文件，打开 HelloProj 文件夹可见如图 1-11 所示的内容，其中 HelloProj. csproj 是项目文件。

如图 1-11 所示的项目文件夹 HelloProj 中还有 Program. cs 文件，该文件是 C♯语言程序代码文件，可以使用任何文本工具打开。

图 1-9　项目创建完成后

图 1-10　创建项目的文件夹

图 1-11　HelloProj 文件夹

1.2.2　运行 Visual Studio 项目

项目创建好之后就可以运行了,运行项目可以通过单击工具栏中的 ▶ HelloProj ▾ 按钮,或通过按 F5 快捷键实现。项目运行后会启动如图 1-12 所示的命令提示符窗口,在窗口中可见输出的 Hello,World! 字符串,这说明项目运行成功,按任意键可以关闭该窗口。

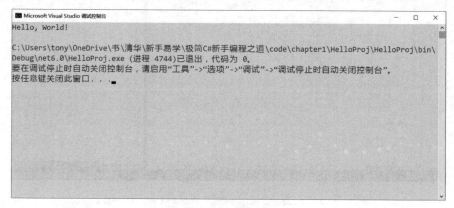

图 1-12　命令提示符窗口

微课视频

1.2.3　代码解释

经过前面的介绍,读者虽然了解了如何创建一个 C♯ 语言应用程序,但可能还是对其中的一些代码不甚了解。下面来详细解释 HelloWorld 示例中的代码。

```
namespace HelloProj                              // 声明命名空间          ①
{
    internal class Program                       // 声明类 Program        ②
    {
        static void Main(string[ ] args)         // 声明主方法,程序入口   ③
        {
            Console.WriteLine("Hello, World!");   // 打印字符串到控制台    ④
        }
    }
}
```

上述代码第①行通过 namespace 关键字声明命名空间,有关命名空间的概念,将在 2.5 节介绍,这里不再赘述。

代码第②行 class 关键字用于声明类,internal 用于设置该类的可访问范围。

代码第③行声明主方法 Main,主方法是程序入口,程序运行时会调用该方法,该方法必须声明为静态的(static),返回值可以是 int 型(整型)或 void 型(无类型);args 是字符串数组参数,在启动程序时,可以使用这个数组为程序提供一些参数,args 参数可以省略。

代码第④行通过方法 Console.WriteLine 打印字符串到控制台。

1.3　C♯语言那些事

经过前面的学习,读者应该对 C♯语言程序有了一定的了解。下面介绍 C♯语言的历史和特点,以及与.NET 的关系。

1.3.1　C♯语言的发展历史

微课视频

C♯语言的发展历史可以追溯到 20 世纪 90 年代,当时微软公司的工程师正在开发 COM(Component Object Model,组件对象模型)组件技术。COM 是一种面向对象的组件技术,它的目标是解决应用程序之间的通信问题。在 COM 的开发过程中,微软公司意识到需要一种新的编程语言来支持这种技术,因此他们开始开发一种新的编程语言,这就是 C♯语言。

C♯语言的设计目标是结合 C++语言的高效性和 Java 语言的安全性,使开发人员可以使用一种现代化的语言开发.NET 应用程序。C♯语言最初的设计者是安德斯·海尔斯伯格(Anders Hejlsberg),他是 Turbo Pascal 和 Delphi 语言的作者,也是 C♯语言的主要设计师和开发人员之一。C♯语言的设计工作始于 1999 年,它最初的版本是在 2000 年发布的。自此之后,C♯语言经过多次更新和改进,成为.NET 平台上的三种主要编程语言之一。

目前,C♯语言已经成为.NET 生态系统中最重要的语言之一,已广泛应用于 Windows 桌面应用程序、Web 应用程序、移动应用程序和游戏开发等领域。C♯语言的历史和发展,也体现了微软公司在编程语言和开发工具方面的技术实力和创新精神。

1.3.2　C♯语言的特点

微课视频

C♯语言是.NET 框架中新一代的开发工具,是一种现代、面向对象的编程语言。它有哪些特点呢? 下面进行介绍。

1. 简单

C♯语言相对于 C++语言来说,在类、命名空间、方法重载和异常处理等方面进行了简化,减少了 C++语言的复杂性,使 C♯语言更加易于使用,降低了出错的概率。同时,C♯语言的语法与 C++语言和 Java 语言的语法非常相似,如果读者已经有了 C++语言和 Java 语言的使用经验,学习 C♯语言也就更加轻松了。

2. 健壮

C♯语言是强类型语言,它在编译时进行代码检查,使很多错误能够在编译期被发现,不至于在运行期发生而导致系统崩溃。

C♯语言摒弃了 C++语言中的指针操作,指针是一种强大的技术,能够直接访问内存单元,但同时也很复杂,如果指针操控不好,会导致内存分配错误、内存泄漏等问题。而 C♯中则不会出现由指针所导致的问题。

3. 自动内存管理

内存管理方面,C、C++等语言采用手动分配和释放,经常会导致内存泄漏,从而导致系统崩溃。而C♯语言采用自动内存垃圾回收机制，程序员不再需要管理内存，从而减少内存错误的发生，提高了程序的健壮性。

4. 面向对象

面向对象是C♯语言最重要的特性。C♯语言是彻底的、纯粹的面向对象语言，在C♯语言中不再存在全局函数、全局变量，变量和常量都必须定义在类中，而且C♯语言采用的是相对简单的面向对象技术，去掉了多继承等复杂的概念，只支持单继承。

微课视频

1.4　C♯语言与.NET

C♯语言是一种.NET语言，它被设计用于在.NET框架上运行。.NET是由微软公司开发的一种软件开发框架，提供了一个统一的平台和一系列工具及服务，方便开发人员创建各种类型的应用程序，包括桌面应用程序、Web应用程序和移动应用程序。C♯语言作为.NET的主要语言之一，可以使用.NET提供的各种库和工具来开发各种类型的应用程序。

1.4.1　.NET体系结构

.NET体系结构如图1-13所示，由4个主要组件组成：

（1）操作系统。

（2）公共语言运行库（CLR）。

（3）框架类库。

（4）核心语言（Win Forms、ASP.NET和ADO.NET）。

（5）其他模块，如：WCF、WPF、WF、CARD SPACE、LINQ、Entity Framework、Parallel LINQ和Task Parallel Library等。

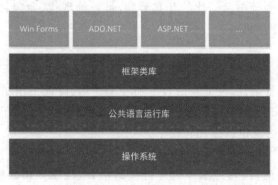

图1-13　.NET体系结构

1. 公共语言运行库

公共语言运行库提供管理内存、线程执行、代码执行、代码安全验证、编译以及其他系统服务。这些功能是在公共语言运行库上运行的托管代码所固有的。

2. 框架类库

框架类库是一个与公共语言运行库紧密集成的可重用的类的集合。该类库是面向对象的。

微课视频

3．多语言支持

.NET 最独特的属性是它的多语言支持，它支持 60 多种语言，如 C♯、VB、C++和 J♯ 等。

1.5　如何获得帮助

学习 C♯ 语言的网站和社区有很多，本书无法一一列举，但微软的官方文档无疑是最权威最全的，如图 1-14 所示是微软的官方文档网站。

图 1-14　微软的官方文档网站

对于初学者，笔者推荐可以先看微软提供的初学者视频系列教程，在图 1-14 所示的页面单击"C♯ 初学者视频系列"超链接进入如图 1-15 所示的视频界面。

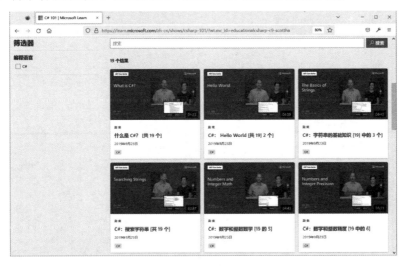

图 1-15　初学者视频系列教程

1.6 动手练一练

编程题

（1）在自己的计算机上安装 Visual Studio 工具。

（2）请使用 Visual Studio 工具编写并运行 C♯语言程序，使其在控制台输出字符串"世界，您好！"。

第 2 章

C♯语言基本语法

第 1 章介绍了如何编写和运行一个 Hello，World! 的 C♯语言程序，读者应该对于编写和运行 C♯语言程序有了一定的了解。本章介绍 C♯语言中的一些最基础的语法，包括标识符、关键字、语句、常量、变量、注释规范和命名空间等内容。

2.1　程序代码中的元素

程序代码中有很多元素：标识符、关键字和语句等。

2.1.1　标识符

微课视频

在程序代码中，有一些元素，如：变量、常量、方法、类和接口等的名称，是由程序员指定的，这些由程序员指定的名称就是标识符。构成标识符的字母均有一定的规则，C♯语言中标识符的命名规则如下。

（1）区分大小写：Name 和 name 是两个不同的标识符。

（2）首字符可以是下画线（_）或@或字母，但不能是数字。

（3）首字符之后的字符，可以是下画线（_）、字母和数字。

（4）关键字不能作为标识符，除非以@为前缀。

（5）不能与C♯语言中内置库类名和方法名相同。

例如，下列标识符是合法的：

identifier、userName、User_Name、_sys_val、身高和@class。

而下列标识符是不合法的：

2mail、room♯和class。

💡**提示** 在上述合法的标识符中，"身高"虽然是中文命名，但它也是合法的；在不合法的标识符中，2mail不合法是因为以数字开头，room♯不合法的原因是包含不合法字符♯，class不合法是因为class是关键字。

微课视频

2.1.2 标识符命名约定

标识符命名不仅要遵守2.1.1节要求的命名规则，还应该遵守一定的命名约定，这样可以提高程序的可读性，有助于开发团队成员之间互相阅读代码。

命名约定有很多，C♯语言主要采用如下两种。

（1）帕斯卡（Pascal）命名法：第一个单词首字母大写，后续单词首字母都用大写，例如：FirstName、LastName。

（2）骆驼（Camel）命名法：第一个单词的首字母小写，后续单词的首字母大写，例如productType。

C♯语言的一些常用命名约定如表2-1所示。

表2-1　C♯语言的常用命名约定

命 名 对 象	命 名 约 定	示 例 和 描 述
类	帕斯卡命名法	SplitViewController
枚举	帕斯卡命名法	MachineState
委托	帕斯卡命名法	PerformCalculation
常量	全部大写	WEEK_OF_MONTH
接口	帕斯卡命名法	IDisposable
方法	帕斯卡命名法	ToString
命名空间	帕斯卡命名法	ExcelQuicker
参数	骆驼命名法	args
局部变量	骆驼命名法	也可以加入类型标识符，例如 string 类型，声明变量是以 str 开头，string strSQL
字段	骆驼命名法	productType
属性	帕斯卡命名法	Name

微课视频

2.1.3　关键字

关键字是对编译器具有特殊意义的预定义保留标识符,除非关键字用@字符开头,否则不能用作标识符,例如,if 是关键字,如果要用 if 作为一个变量的名称(即标识符),则需要采用@if 形式。

C#语言中关键字比较多,如表 2-2 所示是 C#语言中基本的关键字。

表 2-2　C#语言中基本的关键字

abstract	as	base	bool	break
byte	case	catch	char	checked
class	const	continue	decimal	default
delegate	do	double	else	enum
event	explicit	extern	false	finally
fixed	float	for	foreach	goto
if	implicit	in	int	interface
internal	is	lock	long	namespace
new	null	object	operator	out
override	params	private	protected	public
readonly	ref	return	sbyte	sealed
short	sizeof	stackalloc	static	string
struct	switch	this	throw	true
try	typeof	uint	ulong	unchecked
unsafe	ushort	using	virtual	void
volatile	while			

除了表 2-2 所示的最基本关键字外,还有几十个上下文关键字,如 partial 和 where 等,它们可以在相应上下文范围之外用作标识符。

由于关键字很多,因此笔者不会在本节介绍每一个关键字的用法,待讲到具体主题时再详细介绍。

2.1.4　语句

微课视频

语句是代码的重要组成部分,在 C#语言中,每一条语句结束要加分号(;),多条语句会构成代码块,也称复合语句,C#语言中的代码块被放到一对大括号({})中,代码块中可以有 $0 \sim n$ 条语句。示例代码如下:

```
//2.1.4 语句

using System;
namespace HelloProj
{
    internal class Program
    {
```

```
        static void Main(string[] args)
        {
            int m = 5;
            if (m < 10)
            {
                Console.WriteLine("Hello, World!");
            }
        }
    }
}
```

2.2 变量

变量是构成表达式的重要部分，变量所代表的内容是可以被修改的。变量包括变量名和变量值，变量名要遵守标识符命名规则。

2.2.1 声明变量

微课视频

在 C♯ 语言中声明变量的最基本语法格式为：

数据类型 变量名 [= 初始值];

注意，中括号([])中的内容可以省略，也就是说在声明变量时可以不提供初始值。
声明变量的示例代码如下：

```
//2.2.1 声明变量
using System;
namespace HelloProj
{
    internal class Program
    {
        static int mVar = 100;                  // 声明静态成员变量              ①
        static void Main(string[] args)
        {
            int m;                              // 声明 int 型局部变量 m,但没有初始化  ②
            Console.WriteLine("m = " + m);                                      ③
            double d = 3.1415926;               // 声明 double 型局部变量 d,并初始化
            m = 10;                             // 初始化 m 变量                 ④
            Console.WriteLine("m = " + m);                                      ⑤
            Console.WriteLine("d = " + d);
            Console.WriteLine("mVar = " + mVar);                                ⑥
        }
    }
}
```

上述代码第①行声明静态成员变量 mVar，成员变量就是在类中声明的变量，隶属于类，有关类的成员将在 7.4 节详细介绍；另外 static 是声明静态变量，有关静态变量将在 7.7 节详细介绍。

代码第②行声明局部变量 m，局部变量就是在方法中声明的变量，它的作用范围是整个方法。

代码第③行是试图访问未初始化的变量 m，会发生编译错误。

代码第④行是给 m 变量赋值，从而实现了对 m 变量的初始化。

代码第⑤～⑥行打印输出 m、d 和 mVar 变量。

为了测试代码，读者可以删除代码第③行，运行程序输出结果如下：

```
m = 10
d= 3.1415926
mVar = 100
```

2.2.2 变量作用域

微课视频

变量作用域是指可以访问该变量的代码范围。一般情况下，变量的作用域有以下规则：

（1）局部变量（也称为本地变量）的作用域是它所在的代码块，即大括号封闭的范围内。例如，在 for 循环、while 循环、方法或类似语句中声明变量，就是局部变量了，它们的作用域就是该语句控制的大括号封闭的范围内。

（2）成员变量（也称为字段）的作用域是整个类。有关字段的详细内容将在 7.4.1 节介绍。

变量作用域示例代码如下：

```
//2.2.2 变量作用域
using System;

internal class Program
{
    //声明静态成员变量
    static string name = "Ben";            ①
    static void Main(string[] args)
    {
        for (int i = 0; i < 5; i++)        ②
        {
            Console.WriteLine(i);
            // i 超出作用域
        }
        //再次访问变量发生编译错误
        //Console.WriteLine(i);
        for (int i = 5; i >= 0; i-- )      ③
        {
            Console.WriteLine(i);
        }// i 超出作用域
        Console.WriteLine(name);
    }
}
```

上述代码第①行声明了一个静态成员变量 name，它的作用域是整个 Program 类。代码第②行声明了一个循环变量 i，它的作用域是 for 循环的代码块内部，当循环结束后，i 变量的作用域也就结束了。如果在循环结束后尝试访问 i 变量，则会发生编译错误。代码第

③行声明了一个新的 for 循环,又声明了一个新的循环变量 i,它的作用域也是 for 循环的代码块内部,与前面的循环变量 i 没有任何关系。最后一行输出了成员变量 name。

2.2.3　声明隐式类型局部变量

微课视频

声明局部变量时,如果用 var 关键字声明,则可以省略数据类型声明,变量的数据类型由编译器根据初始值推断出来,这就是声明隐式类型局部变量,它的语法格式为：

var 变量名 = 初始值;

◎**注意**　使用 var 关键字声明变量时,必须要同时初始化变量,var 关键字只能声明局部变量,不能声明成员变量。另外,var 关键字属于上下文关键字,因此在表 2-2 中是找不到此关键字的。

示例代码如下：

```
//声明隐式类型局部变量
using System;
namespace HelloProj
{
    internal class Program
    {
        static var mVar = 100;    // var 不能声明成员变量                        ①
        static void Main(string[] args)
        {
            Console.WriteLine("Hello, World!");
            var d = 3.1415926;  // 采用 var 声明 double 类型局部变量 d            ②
            d = "Hello";         // double 类型变量不能接受字符串类型数据
            var m;               // 采用 var 声明变量 m,由于没有初始化,会发生编译错误   ③
        }
    }
}
```

上述代码第①行试图使用 var 关键字声明成员变量,但是 var 只能用于声明局部变量,因此会导致编译错误。

代码第②行采用 var 关键字声明了一个 double 类型的局部变量 d,并赋初始值3.1415926,编译器根据初始值推断出变量 d 的数据类型为 double 类型。但是在之后的代码中,试图将字符串类型的数据赋值给变量 d,这会导致编译错误,因为变量 d 的数据类型已经确定为 double 类型。

代码第③行试图使用 var 关键字声明变量 m,但是没有为其赋初始值,因此会导致编译错误,var 关键字声明变量时必须要同时初始化。

◎**注意**　C#语言属于静态类型语言,即变量要在编译期确定数据类型,而不是在运行期确定数据类型。

2.3　常量

对于 C♯语言来说,常量事实上是内容不能被修改的变量,常量与变量类似,也需要初始化,即在声明常量的同时要赋予一个初始值。常量一旦初始化就不可以被修改。声明常量的语法格式为:

```
const 数据类型 常量名 = 初始值;
```

使用常量的示例代码如下:

```csharp
//2.3 常量
using System;
namespace HelloProj
{
    internal class Program
    {
        static void Main(string[] args)
        {
            const double PI = 3.1415926;      // 声明常量 PI      ①
            PI = 200.0;                       // 编译错误          ②
            Console.WriteLine("π = " + PI);
        }
    }
}
```

上述代码第①行声明静态成员常量,代码第②行试图修改常量值,这会发生编译错误,如果删除掉代码第②行,运行示例代码结果如下:

```
π = 3.14159265
n = 3.300000
```

2.4　注释规范

C♯语言中注释的语法有三种:单行注释(//)、多行注释(/ * ⋯ */)和文档注释(///)。

2.4.1　文档注释

文档注释主要对类(或接口)、成员变量方法等内容进行注释,这种注释内容能够生成 API 帮助文档,编译器可以从源代码文件中提取这些注释信息并生成一个 XML 文件,然后再使用其他工具处理该 XML 文件,输出网页或 PDF 文件形式。

文档注释示例代码如下:

```csharp
//2.4.1 文档注释
using System;
namespace HelloProj
```

```
    {
        /// < summary >                                        ①
        /// 声明类 Program
        /// </summary>                                         ②
        internal class Program
        {
            /// < summary >                                    ③
            /// 声明主方法 Main()
            /// </summary>
            /// < param name = "args">字符串参数</param>      ④
            static void Main(string[ ] args)
            {
                Console.WriteLine("Hello, World!");
            }
        }
    }
```

上述代码第①～②行是文档注释，用于说明类。

上述代码第③～④行是文档注释，用于方法 Main()。

微课视频

2.4.2　单行与多行注释

在程序代码中除了文档注释还需要在一些关键的地方添加注释，文档注释一般是给看不到源代码的人看的帮助文档；而代码单行与多行注释则是给阅读源代码的人参考的。单行注释一般采用//符号，多行注释一般采用/ * … * /符号。

示例代码如下：

```
//2.4.2 单行与多行注释                                         ①
using System;
namespace HelloProj
{
    internal class Program
    {
        static void Main(string[ ] args)
        {
            Console.WriteLine("Hello, World!");        //打印字符串   ②

            / *                                                ③
                通过 WriteLine 函数
                打印一个字符串到屏幕
                            * /                               ④

            Console.WriteLine("Hello, World!");
        }
    }
}
```

上述代码第①行采用了单行注释，代码第②行在代码的尾端进行单行注释，这要求注释内容极短，如果注释的内容很多，分为多行时可以使用多行注释，见代码第③～④行。

2.5　命名空间

还记得第 1 章介绍的 HelloWorld 示例吗？其中代码 namespace {…}没有解释过，namespace 就是命名空间，本节介绍命名空间。

命名空间提供了一种组织相关类和其他类型的方式，它可以防止类型发生冲突，一个命名空间中可以包含类、结构、接口、枚举、委托等类型或其他命名空间。

2.5.1　声明命名空间

声明命名空间使用关键字 namespace，语法格式如下：

微课视频

```
namespace namespace_name {
    // 代码…
}
```

namespace_name 是命名空间的名称，它应该是遵守 C♯语言标识符命名规范的有效标识符。

声明命名空间的示例代码如下：

```
//2.5.1 声明命名空间
using System;
// 声明命名空间 TeamA
namespace TeamA {                                      ①
    // 在命名空间 TeamA 中声明 Student 类
    class Student {                                    ②
        public void showInfo()
        {
            Console.WriteLine("在命名空间 TeamA…");
        }
    }
}

// 声明命名空间 TeamB
namespace TeamB{                                       ③
    // 在命名空间 TeamA 中声明 Student 类
    class Student                                      ④
    {
        public void showInfo()
        {
            Console.WriteLine("在命名空间 TeamB…");
        }
    }
}

namespace HelloProj                                    ⑤
```

```
    {
        internal class Program
        {
            static void Main(string[] args)
            {
                Console.WriteLine("Hello, World!");
                //创建 Student 对象 stu1
                TeamA.Student stu1 = new TeamA.Student();        ⑥
                //调用 stu1
                stu1.showInfo();
                //创建 Student 对象 stu2
                TeamB.Student stu2 = new TeamB.Student();        ⑦
                stu2.showInfo();
            }
        }
    }
```

上述代码声明了 TeamA、TeamB 和 HelloProj 三个命名空间,见代码第①、③和⑤行。

在 TeamA 命名空间中声明 Student 类,见代码第②行;在 TeamB 命名空间中也声明 Student 类,见代码第④行。

如果不同命名空间中的成员通过"xxx 命名空间."访问,则代码第⑥行 TeamA. Student 是声明变量 stu1,它是 TeamA 命名空间中的 Student 类,new 运算符用于创建对象。同理,代码第⑦行是创建 stu2 对象。有关 new 运算符的使用将在后面详细介绍。

程序运行结果如下:

```
Hello, World!
在命名空间 TeamA…
在命名空间 TeamB…
```

2.5.2　命名空间嵌套

命名空间还可以有嵌套,编译器对命名空间的嵌套层次没有限制,命名空间嵌套的语法格式如下:

```
namespace namespace_name1 {
    // 代码…
        namespace namespace_name2 {
        // 代码…
        …
    }
}
```

访问嵌套命名空间中的成员也是通过点(.)运算符,例如要访问 namespace_name2 中的成员,就需要使用"namespace_name1. namespace_name2."实现。

命名空间嵌套的示例代码如下:

```
//2.5.2 命名空间嵌套
using System;
```

```
// 声明命名空间 TeamA
namespace TeamA {
    // 在命名空间 TeamA 中声明 Student 类
    class Student
    {
        public void showInfo()
        {
            Console.WriteLine("在命名空间 TeamA…");
        }
    }


    // 声明命名空间 TeamB
    namespace TeamB {                                        ①
        // 在命名空间 TeamA 中声明 Student 类
        class Student                                        ②
        {
            public void showInfo()
            {
                Console.WriteLine("在命名空间 TeamA.TeamB…");
            }
        }
    }
}

namespace HelloProj
{
    internal class Program
    {
        static void Main(string[] args)
        {
            Console.WriteLine("Hello, World!");
            //创建 Student 对象 stu1
            TeamA.Student stu1 = new TeamA.Student();
            //调用 stu1
            stu1.showInfo();
            //创建 Student 对象 stu2
            TeamA.TeamB.Student stu2 = new TeamA.TeamB.Student();      ③
            stu2.showInfo();
        }
    }
}
```

上述代码中命名空间 TeamA 中有两个成员：一个是 Student 类；另一个是 TeamB 命名空间，见代码第①行；在 TeamB 命名空间中也声明了一个 Student 类，见代码第②行。

代码第③行创建 Student 对象 stu2，注意 Student 类型是 TeamA.TeamB.Student。

程序运行结果如下：

```
Hello, World!
```

在命名空间 TeamA⋯
在命名空间 TeamA.TeamB⋯

微课视频

2.5.3 using 语句

在 2.5.2 节的示例中，Student 类的全名是 TeamA.TeamB.Student，由于前面命名空间比较长，使用起来很不方便，C#语言允许简写类的全名，这需要使用 using 关键字列出命名空间。

使用 using 关键字的示例代码如下：

```
//2.5.3 using 语句
using System;                                        ①
// 声明命名空间 TeamA
namespace TeamA
{
    // 在命名空间 TeamA 中声明 Student 类
    class Student
    {
        public void showInfo()
        {
            Console.WriteLine("在命名空间 TeamA…");    ②
            //替换代码
            System.Console.WriteLine("在命名空间 TeamA…");
        }
    }
}


// 声明命名空间 TeamB
namespace TeamB
{
    // 在命名空间 TeamA 中声明 Student 类
    class Student
    {
        public void showInfo()
        {
            Console.WriteLine("在命名空间 TeamA.TeamB…");
        }
    }
}


namespace HelloProj
{
    using TeamA;                                       ③

    internal class Program
    {
        static void Main(string[] args)
        {
            //创建 Student 对象 stu1
```

```
        Student stu1 = new Student();              ④
        //调用 stu1
        stu1.showInfo();
        //创建 Student 对象 stu2
        TeamB.Student stu2 = new TeamB.Student();  ⑤
        stu2.showInfo();
    }
}
```

上述代码第①行的 using System 语句是导入 System 命名空间所有类型，所以代码第②行的 Console 类不需要使用"System."前缀。

代码第③行导入命名空间 TeamA，所以代码第④行引用 Student 时不需要使用"TeamA."前缀。

由于 TeamA 和 TeamB 命名空间中都声明了 Student 类，为了防止冲突，代码第⑤行引用 Student 时需要采用全名。

2.6 动手练一练

1. 选择题

（1）下面哪些不是 C♯语言的关键字？（   ）

　　A. if　　　　　　　　B. then　　　　　　　C. goto　　　　　　　D. while

（2）下面哪些是 C♯语言的合法标识符？（   ）

　　A. 2variable　　　　B. variable2　　　　　C. _whatavariable　　D. _3_

2. 判断题

（1）在 C#语言中，一行代码表示一条语句。语句结束可以加分号，也可以省略分号。（   ）

（2）var 关键字声明的变量只能是局部变量，它的数据类型是由编译器根据初始值推断出来的。（   ）

第 3 章

C♯语言数据类型

在声明变量或常量时会用到数据类型,本章介绍 C♯语言数据类型。

C♯语言的数据类型分为:

(1) 值类型。

(2) 引用类型。

3.1 值类型

值类型直接存储其值,而引用类型存储对值的引用,与其他语言相比,C♯语言中的值类似于 Java 语言中的简单类型(整数类型、浮点类型等)。

值类型的变量总是包含该类型的值,值类型的值不可能为 null。

例如,int(整数)类型是值类型,那么执行 int x = 100;语句时,如图 3-1 所示,系统为变量 x 分配内存空间(假设变量 x 内存地址为 0x61ff08)。

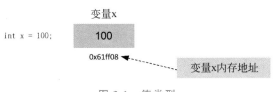

图 3-1 值类型

C♯语言中内置的值类型包括如下几种：

（1）整数类型；

（2）浮点类型；

（3）字符类型；

（4）布尔类型。

这些数据类型也称为"简单类型"，此外，值类型还有结构类型（struct）和枚举类型（enum），有关结构类型和枚举类型将在后面详细介绍。

3.1.1 整数类型

C♯语言中整数类型包括 sbyte、short、int、long、byte、ushort、uint、ulong，它们之间的区别如表 3-1 所示。

微课视频

表 3-1 整数类型

整 数 类 型	大　　小	取 值 范 围	后　　缀
sbyte	8 位带符号整数	−128～127	
byte	无符号 8 位整数	0～255	
short	有符号 16 位整数	−32 768～32 767	
ushort	无符号 16 位整数	0～65 535	
int	带符号 32 位整数	−2 147 483 648～2 147 483 647	
uint	无符号 32 位整数	0～4 294 967 295	U 或 u
long	64 位带符号整数	−9 223 372 036 854 775 808～9 223 372 036 854 775 807	L 或 l
ulong	无符号 64 位整数	0～18 446 744 073 709 551 615	UL 或 ul
nint	带符号 32 位或 64 位整数	取决于（在运行时计算的）平台	
nuint	无符号 32 位或 64 位整数	取决于（在运行时计算的）平台	

C♯语言的整数类型默认是 int 类型，例如 10 表示为 int 类型整数 10，而不是 short 或 byte 类型；而 10L（或 10l）表示 long 类型的整数 10，就是在 10 后面加上 l（小写英文字母）或 L（大写英文字母），则类型为 ulong 的整数，类似的后缀还有 UL、Ul、uL、ul、LU、Lu、lU 或 lu。

另外，整数类型常量还可以使用二进制数、八进制数和十六进制数表示，它们的表示方式分别如下。

（1）二进制数：以 0b 或 0B 为前缀，注意 0 是阿拉伯数字，不要误认为是英文字母 o。

（2）八进制数：以 0 为前缀，注意 0 是阿拉伯数字。

（3）十六进制数：以 0x 或 0X 为前缀，注意 0 是阿拉伯数字。

使用整数类型示例代码如下：

```
//3.1.1 整数类型
using System;
namespace HelloProj
{
    internal class Program
    {
        static void Main(string[] args)
        {

            byte myNum1 = 128;                  // 编译错误
            byte myNum2 = 125;
            short myNum3 = 5000;
            int myNum4 = 5000;
            long myNum5 = 10L;                  // 声明 long 类型变量
            long myNum6 = 10l;                  // 声明 long 类型变量
            ulong myNum7 = 10UL;                // 声明 ulong 类型变量

            int decimalInt = 10;
            byte binaryInt1 = 0b1010;
            short binaryInt2 = 0B11100;
            long octalInt = 012;
            byte hexadecimalInt = 0xA;
        }
    }
}
```

提示 在程序代码中，尽量不用小写英文字母l，因为它容易与数值1混淆，特别是在C#语言中表示long类型整数时很少使用小写英文字母l，而是使用大写的英文字母L。例如，10L要比10l可读性更好。

微课视频

3.1.2　浮点类型

浮点类型主要用来存储小数数值，C#语言浮点类型为：①单精度浮点（float）；②双精度浮点（double），它们的区别是占用内存空间不同。浮点类型说明如表3-2所示。

表3-2　浮点类型

浮 点 类 型	大 致 范 围	精　　　度	大　小
float	$\pm1.5\times10^{-45}\sim\pm3.4\times10^{38}$	6～9 位数字	4 字节
double	$\pm5.0\times10^{-324}\sim\pm1.7\times10^{308}$	15～17 位数字	8 字节
decimal	$\pm1.0\times10^{-28}\sim\pm7.9228\times10^{28}$	28～29 位	16 字节

C#语言的浮点类型默认是double类型，例如 0.0 表示double类型常量，而不是float类型。如果想要表示float类型，则需要在数值后面加f或F，如果想要明确指定为double类型可以在数值后面加上d或D。

另外,浮点数据可以使用小数表示,也可以使用科学记数法表示,科学记数法中使用大写或小写的 e 表示 10 的指数,如 e2 表示 10^2。

浮点类型示例代码如下:

```csharp
//3.1.2 浮点类型
using System;
namespace HelloProj
{
    internal class Program
    {
        static void Main(string[] args)
        {
            float float1 = 0.0f;                // 数值后加 f 表示 float 类型
            float float2 = 2F;                  //数值后加 F 也表示 float 类型
            double float3 = 2.1543276e2;        // 科学记数法表示浮点数
            double float4 = 2.1543276e - 2;     // 科学记数法表示浮点数
            double double1 = 0.0;               // 0.0 默认是 double 类型
            double double2 = 0.0d;              // 数值后加 d 表示 double 类型
            double double3 = 0.0D;              // 数值后加 D 表示 double 类型
        }
    }
}
```

3.1.3　字符类型

微课视频

字符类型表示单个字符,C#语言中 char 声明字符类型,C#语言中的字符常量必须包裹在单引号(')中。

C#语言字符类型采用 Unicode UTF-16 编码,占 2 字节(16 位),因而可用十六进制(无符号的)编码形式表示,它们的表现形式是\un,其中 n 为 16 位十六进制数,所以字符'B'也可以用 Unicode 编码'\u0042'表示。

示例代码如下:

```csharp
//3.1.3 字符类型
using System;
namespace HelloProj
{
    internal class Program
    {
        static void Main(string[] args)
        {
            char letter1 = 'B';
            char letter2 = '\u0042';            // Unicode 编码表示的字符
            char letter3 = '斯';                 // 汉字字符
            int letter4 = 65;
            int int1 = 'B' + 3;                 // 字符类型可以进行数学计算

            Console.WriteLine("letter1:" + letter1);
```

```
            Console.WriteLine("letter2:" + letter2);
            Console.WriteLine("letter3:" + letter3);
            Console.WriteLine("letter4:" + (char)letter4);            ①
            Console.WriteLine("int1:" + int1);                        ②
        }
    }
}
```

上述示例代码运行结果如下：

```
letter1:B
letter2:B
letter3:斯
letter4:A
int1:69
```

从运行结果可见，其中变量 letter1 和 letter2 保存了相同的字符，上述代码第①行中
(char)letter4 是将整数类型转换为字符类型，这样在打印输出时可以得到字符 A，而不是字
符 A 对应的编码，因此代码第②行输出的是编码 69。

💡**提示**　字符类型虽然表示单个字符，但它也可以作为数值类型使用，可以与 int 等数
值类型进行数学计算或相互转换。这是因为字符类型在计算机中保存的是 Unicode 编码，
双字节 Unicode 编码的存储范围为 \u0000～\uFFFF，所以字符类型取值范围为 $0～2^{16}-1$，
Unicode 编码可以表示各种字符，包括中文等非 ASCII 字符。

3.2　类型转换

学习了数据类型后，读者可能会思考一个问题，数据类型之间是否可以转换呢？数据类
型的转换情况比较复杂，在互相兼容的数据类型（例如：简单类型）之间可以互相转换，一般
分为两种转换方式。

（1）隐式类型转换，也称为自动类型转换；

（2）显式类型转换，也称为强制类型转换。

3.2.1　隐式类型转换

微课视频

隐式类型转换可以安全地实现转换，不需要采取其他手段，总的原则是小范围数据类型
可以自动转换为大范围数据类型，所以如下的转换是自动的：

$$sbyte \rightarrow short \rightarrow int \rightarrow long \rightarrow float \rightarrow double$$

此外，char 类型比较特殊，char 类型自动转换为 int、long、float 和 double 类型，但 sbyte 类
型或 short 类型不能隐式转换为 char 类型，而且 char 类型也不能隐式转换为 sbyte 类型或
short 类型。

隐式类型转换不仅发生在赋值过程中，在进行数学计算时也会发生，在计算中往往是先

将数据类型转换为同一类型,然后再进行计算,计算规则如表 3-3 所示。

表 3-3　计算规则

操作数 1 类型	操作数 2 类型	转换后的类型
sbyte、short、char	int	int
sbyte、short、char、int	long	long
sbyte、short、char、int、long	float	float
sbyte、short、char、int、long、float	double	double

示例代码如下:

```
//3.2.1 隐式类型转换
using System;
namespace HelloProj
{
    internal class Program
    {
        static void Main(string[] args)
        {
            int decimalInt = 10;
            byte byteInt = 0b1010;
            short shortInt = byteInt;                // byte 类型转换为 short 类型
            Console.WriteLine(shortInt.GetType().Name); // 打印 Int16              ①
            long longInt = shortInt;                 // short 类型转换为 long 类型
            Console.WriteLine(longInt.GetType().Name); // 打印 Int64

            char charNum = 'C';
            decimalInt = charNum;                    // char 类型转换为 int 类型
            Console.WriteLine(decimalInt.GetType().Name); // 打印 Int32
            float floatNum = longInt;                // long 类型转换为 float 类型
            Console.WriteLine(floatNum.GetType().Name);  // 打印 Single
            double doubleNum = floatNum;             // float 类型转换为 double 类型
            Console.WriteLine(doubleNum.GetType().Name); // 打印 Double

            //表达式计算后类型是 double
            double res = floatNum * floatNum + doubleNum / charNum;
            Console.WriteLine(res.GetType().Name);   // 打印 Double
        }
    }
}
```

上述代码第①行 GetType()方法可以获得某个数值的类型,GetType().Name 可以获得该类型的名称,它采用.NET 类型的别名表示,其他代码此处不再赘述。

上述示例代码运行结果如下:

```
Int16
Int64
Int32
```

```
Single
Double
Double
```

微课视频

3.2.2 显式类型转换

隐式类型转换的相反操作是显式类型转换，显式类型转换是在变量或常量之前加上"(目标类型)"实现。

示例代码如下：

```csharp
//3.2.2 显式类型转换
using System;
namespace HelloProj
{
    internal class Program
    {
        static void Main(string[] args)
        {
            int decimalInt = 10;
            byte byteInt = (byte)decimalInt; // 将 int 类型强制转换为 byte 类型
            double float1 = 2.1543276e2;
            long longInt = (long)float1;        //将 float 类型强制转换为 long 类型
            Console.WriteLine(longInt);         //输出 215，小数部分被截掉
            float float2 = (float)float1;       //将 double 类型强制转换为 float 类型

            long long1 = 999999999999L;
            int int1 = (int)long1;              // 将 long 类型强制转换为 int 类型，精度丢失 ①
            Console.WriteLine(int1);            // - 727379969
        }

    }
}
```

上述示例代码运行结果如下：

```
215
- 727379969
```

上述代码第①行在运行强制类型转换时，发生了数据精度丢失的问题，这是因为 long1 变量太大，当取值范围大的数值转换为取值范围小的数值时，大取值范围数值的高位被截掉，这样就会导致数据精度丢失。

3.2.3 类型转换方法

微课视频

对于兼容的数据类型可以进行隐式类型转换或显式类型转换，而对于不兼容数据类型（例如：字符串类型转换为 int 类型等）可以使用 System.Convert 类的相应方法进行转换，方法主要有以下几种。

（1）Convert.ToBoolean(x)：将参数 x 转换为布尔类型。

（2）Convert.ToDouble(x)：将参数 x 转换为 double 类型。

（3）Convert.ToString(x)：将参数 x 转换为字符串类型。

（4）Convert.ToInt32(x)：将参数 x 转换为 int 类型。

（5）Convert.ToInt64(x)：将参数 x 转换为 long 类型。

示例代码如下：

```
//3.2.3 类型转换方法

namespace HelloProj
{
    internal class Program
    {
        static void Main(string[] args)
        {
            int myInt = 10;
            double myDouble = 5.25;
            bool myBool = true;

            Console.WriteLine(Convert.ToString(myInt)); //将 int 类型数据转换为字符串类型
            Console.WriteLine(Convert.ToDouble(myInt)); //将 int 类型数据转换为 double 类型
            Console.WriteLine(Convert.ToInt32(myDouble)); //将 double 类型数据转换为 int
                                                          //类型    ①
            Console.WriteLine(Convert.ToString(myBool)); //将布尔类型数据转换为字符串
                                                         //类型
        }
    }
}
```

注意上述代码第①行将 double 类型数据转换为 int 类型数据时，小数部分会被截掉，上述示例代码运行结果如下：

```
10
10
5
True
```

3.3 引用类型

引用类型的变量又称为对象，可存储对实际数据的引用。例如 string（字符串）是引用类型，那么执行 string name＝"Ben"；语句时，如图 3-2 所示，系统在为"Ben"字符串分配内存空间，假设内存地址为 0x61ff08，而变量 name 是引用类型，它保存了 Ben 字符串的内存地址，需要注意的是，引用类型变量 name 也有自己的内存地址，假设其为 0x61ff09。

引用类型数据包括如下几种：

（1）类（class）；

（2）接口（interface）；

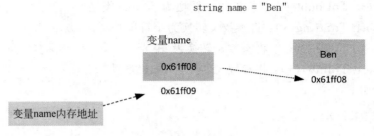

图 3-2　引用类型

（3）委托（delegate）；

（4）字符串（string）；

（5）数组。

这几种类型将在以后的学习中介绍。

微课视频

3.4　装箱和拆箱

　　C♯语言中任何值类型数据都可以转换为 object（对象）类型，它是所有对象的根类，在 C♯语言中所有类都直接或间接继承 object 类型，object 都是引用类型。这种将值类型数据转换为 object 类型数据就是装箱（boxing），反之称为拆箱（unboxing）。

　　示例代码如下：

```
//3.4 装箱和拆箱

namespace HelloProj
{
    internal class Program
    {
        static void Main(string[] args)
        {
            int i = 789;                //声明整数类型变量 i
            object obj1 = (object)i;     //装箱                                    ①
            object obj2 = i;             //自动装箱                                ②

            int in12 = (int)obj2;        //拆箱                                    ③
            short int2 = (short)obj2;    //拆箱失败,抛出异常 InvalidCastException   ④
        }
    }
}
```

　　上述代码第①行将值类型变量 i 装箱，这个过程事实上非常复杂，它们在内存中存放的形式发生了很大的变化。装箱过程可以自动进行，代码第②行是自动装箱。

　　代码第③行是拆箱过程，这需要显式指定拆箱的数据类型，拆箱的数据类型要与保存的值类型一致，否则会发生异常，见代码第④行。

上述代码运行结果此处不再赘述，读者自己尝试一下。

3.5 可空类型

默认情况下，所有的数据类型都是非空类型（Non-Null），声明的变量都是不能接收空值（null）的，但是有时变量确实有可能为空值，因此 C♯语言声明变量时，还可以将变量指定为可空类型（Nullable）。

3.5.1 可空类型概念

微课视频

非空类型设计能够有效防止空指针异常，空指针异常引起的原因是在试图调用一个空对象的方法或字段等成员时，会抛出空指针异常。在 C♯语言中可以将一个变量声明为非空类型，那么它就永远不会接收空值，否则会发生编译错误。示例代码如下：

```
//3.5.1 可空类型概念

namespace HelloProj
{
    internal class Program
    {
        static void Main(string[ ] args)
        {
            int n1 = 10;                      //声明 int 类型变量 n1           ①
            n1 = null;                        //发生编译错误                  ②

            int? n2 = 10;                     //声明 int?类型变量 n2,它是 int 的可空类型 ③
            n2 = null;
            Nullable< double> d1 = 10.8;      //另一种声明可空类型方式          ④
        }
    }
}
```

上述代码第①行是声明变量 int 类型变量 n1，它是不能接收空值的，所以代码第②行会发生编译错误。

代码第③行声明变量 n2，它是 int? 类型，注意带有问号（?）说明 int 是可空类型，它是可以接收空值的。

代码第④行是采用另一种声明可空类型方式，Nullable < double >声明 double 为可空类型。

3.5.2 访问可空数值

微课视频

访问可空变量数值时，可以使用 GetValueOrDefault()方法，如果数值非空，直接返回数值；如果数值为空，则返回该数据类型的默认值。

使用 GetValueOrDefault()方法的示例代码如下：

//3.5.2 访问可空数值

```
namespace HelloProj
{
    internal class Program
    {
        static void Main(string[] args)
        {
            // 分配空值给变量 x
            Nullable < int > x = null;

            // 分配空值给变量 y
            bool? y = null;

            // 分配非空值给变量 z
            float? z = 10.9f;


            Console.WriteLine("Value of x: " + x.GetValueOrDefault());
            Console.WriteLine("Value of y: " + y.GetValueOrDefault());
            Console.WriteLine("Value of z: " + z.GetValueOrDefault());
        }
    }
}
```

上述示例代码运行结果如下：

```
Value of x: 0
Value of y: False
Value of z: 10.9
```

3.5.3 合并操作符

微课视频

可空值变量不能直接赋值给非空类型变量，所以如下代码会发生编译错误。

```
int? a = 10;
int b = a;              // 编译错误
Console.WriteLine(b);
```

那么如何解决这个问题呢？C♯语言提供了合并操作符(??)，合并操作符语法格式如下：

表达式 1??表达式 2

如果"表达式 1"为非空，则返回"表达式 1"的结果；否则返回"表达式 2"结果。

示例代码如下：

//3.5.3 合并操作符

```
namespace HelloProj
{
```

```
    internal class Program
    {
        static void Main(string[] args)
        {
            int? a = 10;
            // int b = a;                    // 编译错误

            int b = a ?? 0;                  // 如果 a 为非空, 返回 a, 否则返回 0      ①
            Console.WriteLine("b = " + b);
        }
    }
}
```

上述代码第①行中使用了合并操作符(??),上述示例运行结果如下:

```
b = 10
```

3.6　字符串类型

由字符组成的一串字符序列,称为"字符串",在前面的章节中也多次用到了字符串,本节重点介绍。

3.6.1　字符串表示方式

微课视频

C#语言中普通字符串采用双引号""""包裹起来表示,C♯语言字符串的数据类型是string,.NET 提供的别名是 System.String。使用字符串的示例代码如下:

//3.6.1 字符串表示方式

```
namespace HelloProj
{
    internal class Program
    {
        static void Main(string[] args)
        {
            String s1 = "Hello World";
            String s2 = "\u0048\u0065\u006c\u006c\u006f\u0020\u0057\u006f\u0072\u006c\
u0064";
            String s3 = "世界你好";
            String s4 = "B";                //"B"表示字符串 B,而不是字符 B
            String s5 = "";                 //空字符串

            Console.WriteLine("s1:" + s1);
            Console.WriteLine("s2:" + s2);
            Console.WriteLine("s3:" + s3);
            Console.WriteLine("s4:" + s4);
            Console.WriteLine("s5:" + s5);
        }
```

```
        }
    }
```

上述代码执行结果如下：

```
s1:Hello World
s2:Hello World
s3:世界你好
s4:B
s5:
```

从运行结果可见，s1 和 s2 存储的都是 Hello World 字符串，其中 s2 采用 Unicode 编码表示。需要注意的是，s5 表示的是空字符串，也会在内存中占用空间，只是它的字符串内容为空，字符串长度为 0。

3.6.2 转义符

微课视频

如果想在字符串中包含一些特殊的字符，例如换行符、制表符等，则需要在普通字符串中转义，在其前面加上反斜杠(\)，这称为转义符。表 3-4 所示是常用的几个转义符。

表 3-4 常用的转义符

字符表示	Unicode 编码	说明
\t	\u0009	转义水平制表符
\n	\u000a	转义换行符
\r	\u000d	转义回车符
\"	\u0022	转义双引号
\'	\u0027	转义单引号
\\	\u005c	转义反斜杠

示例代码如下：

```
//3.6.2 转义符

namespace HelloProj
{
    internal class Program
    {
        static void Main(string[] args)
        {
            String s1 = "\"世界\"你好!";          // 转义双引号
            String s2 = "\'世界\'你好!";          // 转义单引号
            String s3 = "Hello\t World";          // 转义制表符
            String s4 = "Hello\\ World";          // 转义反斜杠制表符
            String s5 = "Hello\n World";          // 转义换行符

            Console.WriteLine("s1:" + s1);
            Console.WriteLine("s2:" + s2);
            Console.WriteLine("s3:" + s3);
            Console.WriteLine("s4:" + s4);
```

```
            Console.WriteLine("s5:" + s5);
        }
    }
}
```

上述代码执行结果如下：

```
s1:"世界"你好!
s2:'世界'你好!
s3:Hello        World
s4:Hello\ World
s5:Hello
World
```

3.6.3　逐字字符串

微课视频

如果在一个字符串中有很多特殊的字符需要转义，那么可以使用逐字字符串，逐字字符串是在字符串前面加上"@"，逐字字符串中的反斜杠(\)不会转义字符。

示例代码如下：

```
//3.6.3 逐字字符串

namespace HelloProj
{
    internal class Program
    {
        static void Main(string[] args)
        {
            String s1 = @"Hello\ World";          // 反斜杠不需要转义
            String s2 = @"'世界'你好!";            // 单引号不需要转义
            String s3 = @"Hello\t World";          // 转义符失效
            String s4 = @"Hello\ World";           // 转义符失效
            String s5 = @"Hello\n World";          // 转义换行符失效

            Console.WriteLine("s1:" + s1);
            Console.WriteLine("s2:" + s2);
            Console.WriteLine("s3:" + s3);
            Console.WriteLine("s4:" + s4);
            Console.WriteLine("s5:" + s5);
        }
    }
}
```

上述代码中 s1～s5 字符串都是采用逐字字符串表示的，不需要转义符(\)进行转义，如果加上了转义符，反倒是画蛇添足。

上述代码执行结果如下：

```
s1:Hello\ World
s2:'世界'你好!
s3:Hello\t World
```

```
s4:Hello\ World
s5:Hello\n World
```

3.7 数组类型

在计算机语言中数组是非常重要的数据结构，大部分计算机语言中数组具有如下三个基本特性。

（1）一致性：数组只能保存相同的数据类型元素，元素的数据类型可以是任何相同的数据类型。

（2）有序性：数组中的元素是有序的，通过下标访问。

（3）不可变性：数组一旦初始化，则长度（数组中元素的个数）不可变。

在C♯语言中，数组的下标是从 0 开始的，事实上很多计算机语言的数组下标都是从 0 开始的。C♯语言数组下标访问运算符是中括号，如 intArray[0]，表示访问 intArray 数组的第一个元素，0 是第一个元素的下标。

另外，C♯语言中的数组本身是引用类型数据，它的长度属性是 Length，也可以通过 GetLength()方法获得数组长度。

3.7.1 数组声明

数组在使用之前一定要做两件事情：声明和初始化。数组声明完成后，数组的长度还不能确定。

数组声明语法格式如下：

元素数据类型[] 数组变量名;

元素数据类型可以是 C♯语言中任意的数据类型，包括值类型和引用类型。

数组声明示例代码如下：

```
int[] intArray;
float[] floatArray;
String[] strArray;
```

◎注意　C♯语言声明一个数组的时候，不能用和 C/C++语言一样的方式，即将[]写在变量的后面，例如代码 int intArray[]是非法的。

微课视频

3.7.2 数组初始化

声明完成就要对数组进行初始化，数组初始化的过程就是为数组中每个元素分配内存空间，并为每个元素提供初始值。初始化之后，数组的长度就确定下来不能再变化了。

数组初始化可以分为静态初始化和动态初始化。

1. 静态初始化

静态初始化就是将数组的元素放到大括号中,元素之间用逗号(,)分隔。示例代码如下。

```
double[] doubleArry = {2.1, 32, 43, 45};
string[] strArry = {"刘备", "关羽", "张飞"};
```

静态初始化是在已知数组的每个元素内容的情况下使用的。很多情况下数据是从数据库或网络中获得的,在编程时不知道元素有多少,更不知道元素的内容,此时可采用动态初始化。

2. 动态初始化

动态初始化使用 new 运算符分配指定长度的内存空间,语法格式如下:

new 元素数据类型[数组长度];

示例代码如下:

```
//3.7.2 数组初始化

namespace HelloProj
{
    internal class Program
    {
        static void Main(string[] args)
        {
            // 1.静态初始化
            double[] doubleArry = { 2.1, 3.2, 0.43, 5.45 };
            string[] strArry = { "刘备", "关羽", "张飞" };

            // 2.动态初始化
            int[] intArray2;                    // 声明数组 intArray2
            intArray2 = new int[4];             // 通过 new 运算符分配了 4 个元素的内存空间
            intArray2[0] = 21;
            intArray2[1] = 32;
            intArray2[2] = 43;

            // 动态初始化 String 数组
            string[] strArry2 = new string[3];// 通过 new 运算符分配了 3 个元素的内存空间
                                            // 初始化数组中元素
            strArry2[0] = "刘备";
            strArry2[1] = "关羽";
            strArry2[2] = "张飞";
        }
    }
}
```

3.7.3　多维数组

数组可以具有多个维度,声明创建一个 4 行 2 列的二维数组的示例代码如下:

微课视频

```
int[,] array = new int[4, 2];
```

声明创建一个三维数组的示例代码如下：

```
int[, ,] array1 = new int[4, 2, 3];
```

也可以在声明数组时将其初始化，如下所示：

```
int[,] array2D = new int[,] { { 1, 2 }, { 3, 4 }, { 5, 6 }, { 7, 8 } };
int[, ,] array3D = new int[,,] { { { 1, 2, 3 } }, { { 4, 5, 6 } } };
```

完整的示例代码如下：

```
//3.7.3 多维数组

namespace HelloProj
{
    internal class Program
    {
        static void Main(string[] args)
        {
            // 静态初始化
            string[] strArry = { "刘备", "关羽", "张飞" };

            Console.WriteLine(" -------- 遍历一维数组 strArry ---------- ");
            for (int i = 0; i < strArry.GetLength(0); i++)          ①
            {
                Console.WriteLine(strArry[i]);
            }

            // 声明创建一个 4 行 2 列的二维数组
            int[,] array = new int[4, 2];


            //静态初始化二维数组 array2D
            int[,] array2D = new int[,] { { 1, 2 }, { 3, 4 }, { 5, 6 }, { 7, 8 } };

            Console.WriteLine(" -------- 遍历二维数组 array2D ---------- ");
            for (int i = 0; i < array2D.GetLength(0); i++)          ②
            {
                for (int j = 0; j < array2D.GetLength(1); j++)       ③
                {
                    Console.WriteLine(array2D[i, j]);
                }
            }

            //静态初始化三维数组 array3D
            int[,,] array3D = new int[,,] { { { 1, 2, 3 } }, { { 4, 5, 6 } } };

            Console.WriteLine(" -------- 遍历三维数组 array3D ---------- ");
            for (int i = 0; i < array3D.GetLength(0); i++)
            {
```

```
            for (int j = 0; j < array3D.GetLength(1); j++)
            {
                for (int k = 0; k < array3D.GetLength(2); k++)
                {
                    Console.WriteLine(array3D[i, j, k]);
                }
            }
        }
    }
}
```

上述代码第①行遍历一维数组 strArry，其中 GetLength(0)可以获得数组的长度，也可通过 Length 属性获得数组长度。

代码第②行遍历二维数组 array2D，注意 array2D.GetLength(0)是获得数组第一维度上的长度。

代码第③行中< array2D.GetLength(1)是获得数组第二维度上的长度。

上述代码运行结果如下：

```
-------- 遍历一维数组 strArry----------
刘备
关羽
张飞
-------- 遍历二维数组 array2D----------
1
2
3
4
5
6
7
8
-------- 遍历三维数组 array3D----------
1
2
3
4
5
6
```

3.8　枚举

枚举是用户定义的整数类型数据，在声明一个枚举时，要指定枚举包含的一组实际值。

枚举以 enum 关键字声明，默认情况下，枚举的第一个成员的值是 0，然后对每个后续的枚举成员按 1 递增，初始化过程中可重写默认值。

使用枚举表示一周中的每个工作日的示例代码如下：

```
//3.8 枚举
// 声明枚举
enum WeekDays { Monday, Tuesday, Wednesday, Thursday, Friday }        ①


internal class Program
{
    static void Main(string[] args)
    {
        WriteGreeting(WeekDays.Friday);                               ②
    }

    static void WriteGreeting(WeekDays day)                           ③
    {
        switch (day)
        {
            case WeekDays.Monday:
                Console.WriteLine("星期一好!");
                break;
            case WeekDays.Tuesday:
                Console.WriteLine("星期二好!");
                break;
            case WeekDays.Wednesday:
                Console.WriteLine("星期三好!");
                break;
            case WeekDays.Thursday:
                Console.WriteLine("星期四好!");
                break;
            case WeekDays.Friday:
                Console.WriteLine("星期五好!");
                break;
            default:
                Console.WriteLine("大家好!");
                break;
        }
    }
}
```

上述代码第①行声明枚举类型 WeekDays，代码第②行调用自定义的 WriteGreeting()
方法，传递的参数 WeekDays. Friday 是一个枚举值。

代码第③行是自定义方法，在该方法中通过 switch 语句判断枚举值，并打印相关内容，
有关 switch 语句将在 5.2 节详细介绍，这里不再赘述。

上述示例代码采用默认的方式声明枚举，这里没有为枚举的成员指定实际整数值，第一
个成员实际值是 0。此外，开发人员还可以指定各个成员实际值，重新声明枚举，示例代码
如下：

```
enum WeekDays
{
```

```
    Monday = 1,
    Tuesday = 2,
    Wednesday = 3,
    Thursday = 4,
    Friday = 5,
}
```

3.9　动手练一练

选择题

（1）下面哪些代码在编译时不会弹出警告或错误信息（　　　）?

    A. float f＝1.3；   B. char c＝"a"；

    C. byte b＝257；   D. Boolean b＝null；

    E. 以上都不是

（2）byte 的取值范围是?（　　　）

    A. －128～127   B. －256～256

    C. －255～256   D. 依赖于计算机本身硬件

（3）下列选项中正确的表达式有哪些?（　　　）

    A. byte＝128；   B. Boolean＝null；

    C. long l＝0xfffL；   D. double＝0.9239d；

（4）下列选项中哪些是 C♯语言的基本数据类型?（　　　）

    A. short   B. Boolean

    C. int   D. float

第 4 章

运　算　符

本章介绍 C♯ 语言中一些主要的运算符，包括算术运算符、关系运算符、逻辑运算符、位运算符和其他运算符。

如果根据参加运算的操作数的个数划分，运算符可以分为：

（1）一元运算符；

（2）二元运算符；

（3）三元运算符。

微课视频

4.1　一元算术运算符

一元运算符又分为一元算术运算符、逻辑非和位反。本节先介绍一元算术运算符，一元算术运算符具体说明如表 4-1 所示。

表 4-1 一元算术运算符

运 算 符	名 称	说 明	例 子
―	取反符号	取反运算	y = ―x
++	自加 1	先取值再加 1,或先加 1 再取值	x++或++x
――	自减 1	先取值再减 1,或先减 1 再取值	x――或――x

表 4-1 中,―x 是对 x 取反运算,x++或 x――是在表达式运算完后,再给 x 加 1 或减 1。而++x 或――x 是先给 x 加 1 或减 1,然后再进行表达式运算。

示例代码如下:

```
//4.1 一元算术运算符
namespace HelloProj
{
    internal class Program
    {
        static void Main(string[] args)
        {

            // 声明变量
            int a = 12, b = 12;
            // 原始值
            Console.WriteLine("a:" + a);
            Console.WriteLine("++a:" + (++a));        //结果为 13,a 先加 1 再取值 a
            Console.WriteLine("a++:" + (a++));        //结果为 13,a 先取值,然后再加 1
                                                      //原始值
            Console.WriteLine("b:" + b);
            Console.WriteLine("――b:" + (――b));        //结果为 11,b 先减 1 再取值 b
            Console.WriteLine("b――:" + (b――));        //结果为 11,b 先取值,然后减 1
        }
    }
}
```

程序代码运行结果如下:

```
a:12
++a:13
a++:13
b:12
――b:11
b――:11
```

4.2 二元算术运算符

本节介绍二元算术运算符,二元算术运算符包括+、―、*、/和%,这些运算符对数值类型数据都有效。具体说明如表 4-2 所示。

微课视频

表 4-2 二元算术运算符

运 算 符	名 称	例 子	说 明
＋	加	x ＋ y	求 x 加 y 的和，还可用于 String 类型，进行字符串连接操作
－	减	x － y	求 x 减 y 的差
*	乘	x * y	求 x 乘以 y 的积
/	除	x / y	求 x 除以 y 的商
％	取余	x ％ y	求 x 除以 y 的余数

示例代码如下：

```
// 4.2 二元算术运算符
namespace HelloProj
{
    internal class Program
    {
        static void Main(string[] args)
        {
            // 声明变量
            int a = 12, b = 16;

            Console.WriteLine(a + b);        // 打印结果为 28
            Console.WriteLine(a - b);        // 打印结果为 - 4
            Console.WriteLine(a * b);        // 打印结果为 192
            Console.WriteLine(a / b);        // 打印结果为 0
            Console.WriteLine(a % b);        // 打印结果为 12
        }
    }
}
```

程序代码运行结果如下：

```
28
 - 4
192
0
12
```

微课视频

4.3 关系运算符

关系运算是比较两个表达式大小关系的运算，属于二元运算，运算结果是布尔类型数据，即 true 或 false。关系运算符有 6 种：== 、!= 、>、<、> = 和< =，具体说明如表 4-3 所示。

表 4-3 关系运算符

运 算 符	名 称	例 子	说 明
==	等于	x == y	x 等于 y 时返回 true，否则返回 false。可以应用于基本数据类型和引用数据类型
!=	不等于	x != y	与 == 相反

续表

运 算 符	名 称	例 子	说 明
>	大于	x > y	x 大于 y 时返回 true,否则返回 false,只应用于基本数据类型
<	小于	x < y	x 小于 y 时返回 true,否则返回 false,只应用于基本数据类型
> =	大于或等于	x > = y	x 大于或等于 y 时返回 true,否则返回 false,只应用于基本数据类型
<=	小于或等于	x <= y	x 小于或等于 y 时返回 true,否则返回 false,只应用于基本数据类型

💡提示 == 和!= 可以应用于基本数据类型和引用数据类型。当用于引用数据类型比较时,比较的是两个引用是否指向同一个对象,但在实际开发过程中的多数情况下,只是比较对象的内容是否相当,不需要比较是否为同一个对象。

示例代码如下:

```
// 4.3 关系运算符
namespace HelloProj
{
    internal class Program
    {
        static void Main(string[ ] args)
        {
            // 声明变量
            int a = 12, b = 16;
            Console.WriteLine(a < b);        // 打印结果为 true
            Console.WriteLine(a > b);        // 打印结果为 false
            Console.WriteLine(a <= b);       // 打印结果为 true
            Console.WriteLine(a > = b);      // 打印结果为 false
            Console.WriteLine(a == b);       // 打印结果为 false
            Console.WriteLine(a != b);       // 打印结果为 true
        }
    }
}
```

4.4 逻辑运算符

逻辑运算符用于对布尔类型变量进行运算,其结果也是布尔类型。具体说明如表 4-4 所示。

微课视频

表 4-4 逻辑运算符

运 算 符	名 称	例 子	说 明
!	逻辑非	!x	x 为 true 时,值为 false; x 为 false 时,值为 true
&	逻辑与	x & y	x 和 y 全为 true 时,计算结果为 true,否则为 false

运　算　符	名　　称	例　　子	说　　明
|	逻辑或	x | y	x 和 y 全为 false 时，计算结果为 false，否则为 true
&&	短路与	x && y	x 和 y 全为 true 时，计算结果为 true，否则为 false。&& 与 & 的区别：如果 x 为 false，则不计算 y(因为不论 y 为何值，结果都为 false)
||	短路或	x || y	x 和 y 全为 false 时，计算结果为 false，否则为 true。|| 与 | 的区别：如果 x 为 true，则不计算 y(因为不论 y 为何值，结果都为 true)

💡提示　"短路与"(&&)和"短路或"(\|\|)能够采用最优化的计算方式，从而提高程序运行效率。在实际编程时，应该优先考虑使用"短路与"和"短路或"。

示例代码如下：

```csharp
//4.4 逻辑运算符
namespace HelloProj
{
    internal class Program
    {
        static void Main(string[] args)
        {
            // 声明变量
            int a = 12, b = 16;

            if (a < b || method1("a < b || method1"))      // method1 方法没有调用
            {
                Console.WriteLine("||运算为 真");
            }
            else
            {
                Console.WriteLine("||运算为 假");
            }

            if (a < b | method1("a < b | method1"))
            {                                               // method1 方法调用
                Console.WriteLine("|运算为 真");
            }
            else
            {
                Console.WriteLine("|运算为 假");
            }

            if (a > b && method1("a > b && method1"))       // method1 方法没有调用
            {
                Console.WriteLine("&&运算为 真");
            }
            else
```

```
        {
            Console.WriteLine("&& 运算为 假");
        }

        if (a > b & method1("a > b & method1"))          // method1 方法调用
        {
            Console.WriteLine("& 运算为 真");
        }
        else
        {
            Console.WriteLine("& 运算为 假");
        }
    }


    /// < summary >
    /// 自定义的 method1 方法
    /// </summary >
    /// < param name = "s">参数 s 传入字符串</param >
    /// < returns >返回 false </returns >
    static bool method1(String s)
    {
        Console.WriteLine(s + ",调用 method1 方法…");
        return false;
    }
  }
}
```

程序运行结果如下：

```
|| 运算为 真
a < b | method1,调用 method1 方法…
| 运算为 真
&& 运算为 假
a > b & method1,调用 method1 方法…
& 运算为 假
```

4.5 位运算符

位运算是以二进制位(bit)为单位进行运算的,操作数和结果都是整数类型数据。位运算符有如下几个：～、&、|、^、>>、<<和>>>,其中～是一元运算符,其他都是二元运算符。具体说明如表 4-5 所示。

表 4-5   位运算符

运 算 符	名 称	例 子	说 明
～	位反	～x	将 x 的值按位取反
&	位与	x&y	x 与 y 位进行位与运算

续表

运 算 符	名 称	例 子	说 明
|	位或	x|y	x 与 y 位进行位或运算
^	位异或	x^y	x 与 y 位进行位异或运算
>>	有符号右移	x >> y	x 右移 y 位,高位用符号位补位
<<	左移	x << y	x 左移 y 位,低位用 0 补位
>>>	无符号右移	x >>> y	x 右移 y 位,高位用 0 补位

在 C♯ 11 之前没有无符号右移,从 C♯ 11 开始,才可以使用无符号右移运算符。另外,该运算符仅被允许用在 int 和 long 整数类型数据,如果用于 short 或 byte 类型数据,则数据在位移之前,必须转换为 int 类型后再进行位移计算。

位运算符示例代码如下:

```csharp
//4.5 位运算符
namespace HelloProj
{
    internal class Program
    {
        static void Main(string[] args)
        {
            int x = 0B1011010;                          //十进制数 90
            int y = 0B1010110;                          //十进制数 86
            int result;

            result = x | y;                             //0B1011110
            Console.WriteLine("x | y = " + result);     //打印结果为十进制数 94
            result = x & y;                             //0B1010010
            Console.WriteLine("x & y = " + result);     //打印结果为十进制数 82
            result = x ^ y;                             //0B1100
            Console.WriteLine("x ^ y = " + result);     //打印结果为十进制数 12
            result = x >> 2;
            Console.WriteLine("x >> 2 = " + result);    //打印结果为十进制数 22
            result = x << 2;
            Console.WriteLine("x << 2 = " + result);    //打印结果为十进制数 360
            Console.WriteLine("~x = " + (~x));          //打印结果为十进制数 -91
        }

    }
}
```

程序运行结果如下:

```
x | y = 94
x & y = 82
x ^ y = 12
x >> 2 = 22
x << 2 = 360
~x = -91
```

💡提示 在上述代码中,位取反运算过程比较麻烦,这个过程涉及原码、补码、反码运算,比较烦琐。笔者归纳总结了一个公式: $\sim b = -1 * (b+1)$,如果 b 为十进制数 94,则 $\sim b$ 为十进制数 -95。

💡提示 在上述代码中,有符号右移 n 位相当于操作数除以 2^n,所以 $x \gg 2$ 表达式相当于 $x/2^2$;另外,左移 n 位相当于操作数乘以 2^n,所以 $x \ll 2$ 表达式相当于 $x \times 2^2$。

4.6 赋值运算符

微课视频

赋值运算符只是一种简写,一般用于表示变量自身的变化。赋值运算符具体说明如表 4-6 所示。

表 4-6 赋值运算符

运 算 符	名 称	例 子
+=	加赋值	a += b,a += b + 3
-=	减赋值	a -= b
*=	乘赋值	a *= b
/=	除赋值	a /= b
%=	取余赋值	a %= b
&=	位与赋值	x &= y
|=	位或赋值	x |= y
^ =	位异或赋值	x ^ = y
<< =	左移赋值	x << = y
>> =	右移赋值	x >> = y
>>> =	无符号右移赋值	x >>> = y

赋值运算符示例代码如下:

```
// 4.6 赋值运算符
namespace HelloProj
{
    internal class Program
    {
        static void Main(string[] args)
        {
            int x = 50;
            x += 3;                 // 53
            Console.WriteLine("x:" + x);
            x -= 3;                 // 50
            Console.WriteLine("x:" + x);
            x * = 3;                // 150
```

```
            Console.WriteLine("x:" + x);
            x /= 3;                      // 50
            Console.WriteLine("x:" + x);
            x %= 3;                      // 2
            Console.WriteLine("x:" + x);
            x &= 3;                      // 2
            Console.WriteLine("x:" + x);
            x |= 3;                      // 2
            Console.WriteLine("x:" + x);
            x ^= 3;                      // 3
            Console.WriteLine("x:" + x);
            x >>= 3;                     // 0
            Console.WriteLine("x:" + x);
            x <<= 3;                     // 0
            Console.WriteLine("x:" + x);
        }
    }
}
```

程序运行结果，此处不再赘述。

微课视频

4.7　三元运算符

C#语言中三元运算符只有一个，即"?:"，它用来替代 if 语句中的 if-else 结构，它的语法格式如下：

```
variable = Expression1 ? Expression2: Expression3
```

如果表达式 Expression1 的计算结果为 true，则将表达式 Expression2 的计算结果返回；否则将表达式 Expression3 的计算结果返回。

三元运算符示例代码如下：

```
// 4.7 三元运算符
namespace HelloProj
{
    internal class Program
    {
        static void Main(string[] args)
        {
            // 声明变量
            int n1 = 5, n2 = 10, max;
            Console.WriteLine("第一个数值:" + n1);
            Console.WriteLine("第二个数值:" + n2);

            // 返回 n1 和 n2 中最大数
            max = (n1 > n2) ? n1 : n2; // 使用三元运算符计算
            Console.WriteLine("最大数是:" + max);
        }
```

```
        }
    }
```

程序运行结果如下：

```
第一个数值:5
第二个数值:10
最大数是:10
```

4.8 其他运算符

除了前面介绍的主要运算符外,C♯语言中还有一些其他运算符,本节重点介绍 is 和 as 这两个运算符,它们都与类型检查或类型转换相关。

4.8.1 is 运算符

微课视频

is 运算符用于检查表达式的结果是否与给定的类型相兼容,注意这里的"兼容"是指对象是给定的类型,或者派生于给定的类型。

is 运算符的示例代码如下。

```
//4.8.1 is 运算符

namespace HelloProj
{
    internal class Program
    {
        static void Main(string[] args)
        {
            int abc = 10;
            if (abc is object)
            {
                Console.WriteLine("abc 这是一个对象");
            }

            string greeting = "Hello";
            if (greeting is object)
            {
                Console.WriteLine("greeting 这是一个对象");
            }
        }
    }
}
```

从根本上讲,int 类型也是继承了 object 类,所以表达式"abc is object"的结果是 true。
程序运行结果如下。

```
abc 这是一个对象
greeting 这是一个对象
```

4.8.2　as 运算符

as 运算符用于引用类型数据的显式转换，如果要转换的类型与指定的类型兼容，则转换成功，否则返回 null。

as 运算符示例代码如下：

```
// 4.8.2 as 运算符

namespace HelloProj
{
    internal class Program
    {
        static void Main(string[] args)
        {
            object name = "Ben";
            object obj = 5;
            string s1 = name as string;          //s1 为"Ben"      ①
            string s2 = obj as string;           //s2 为 null       ②
        }
    }
}
```

上述代码第①行变量 name 能成功转换，所以 s1 保存的值是"Ben"；代码第②行转换失败，所以 s2 的值是 null。

4.9　运算符的优先级

在一个表达式的计算过程中，运算符的优先级非常重要。表 4-7 中从上到下，运算符的优先级从高到低，同一行具有相同的优先级。二元运算符的计算顺序为从左向右，但是表 4-7 中最后一行赋值运算符的计算顺序是从右向左的。

表 4-7　运算符优先级

优　先　级	运　算　符
1	. ( ) [ ]
2	++　--　-（数值取反）～（位反）!（逻辑非）类型转换小括号
3	* / %
4	+ -
5	<< >> >>>
6	< > <= >= is
7	== !=
8	&（逻辑与、位与）
9	^（位异或）
10	&&

续表

优　先　级	运　算　符
11	||
12	?:
13	->
14	= *= /= %= += -= <<= >>= >>>= &= ^= |= （赋值运算符，从右向左）

　　运算符优先级从高到低顺序大体为：算术运算符→位运算符→关系运算符→逻辑运算符→赋值运算符。

4.10　动手练一练

选择题

（1）下列选项中合法的赋值语句有哪些？（　　　）

    A．a＝＝1；   B．＋＋i；

    C．a＝a＋1＝5；   D．y＝int(i)；

（2）如果所有变量都已正确定义，以下选项中非法的表达式是哪些？（　　　）

    A．a!＝4\|\|b＝＝1   B．'a'％3

    C．'a'＝1/2   D．'A'＋32

（3）如果定义 int a＝2;，则执行完语句 a＋＝a－＝a＊a；后 a 的值是（　　　）。

    A．0   B．4

    C．8   D．－4

（4）下面关于使用"<<"和 ">>"操作符的哪些结果是对的？（　　　）

    A．0B101000 >> 4 的结果是 0B000010

    B．0B101000 >> 4 的结果是 5

    C．0B101000 >>> 4 的结果是 0B000010

    D．0B101000 >>> 4 的结果是 5

第 5 章

条 件 语 句

条件语句能够使计算机程序具有"判断能力",像人类的大脑一样分析问题,使程序根据某些表达式的值有选择地执行。C#语言提供了两种条件语句:

(1) if 语句。

(2) switch 语句。

5.1　if 语句

由 if 语句引导的选择结构有 if 结构、if-else 结构和 if-else-if 结构 3 种。

5.1.1　if 结构

if 结构流程如图 5-1 所示,首先测试条件表达式,如果为 true 则执行语句组(包含一条或多条语句的代码块),否则执行 if 语句结构后面的语句。

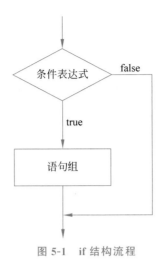

图 5-1　if 结构流程

提示　如果语句组只有一条语句，可以省略大括号，但从编程规范角度来看，最好不要省略大括号，省略大括号会使程序的可读性变差。

if 结构语法格式如下：

```
if (条件表达式) {
    语句组
}
```

if 结构示例代码如下：

```
// 5.1.1 if 结构
using System;
namespace HelloProj
{
    internal class Program
    {
        static void Main(string[] args)
        {
            Console.WriteLine("请输入一个整数:");
            string str = Console.ReadLine();           // 从键盘读取字符串          ①
            int score = Convert.ToInt32(str);          // 将字符串转换为 int 类型数据  ②
            if (score >= 85)
            {
                Console.WriteLine("您真优秀!");
            }
            if (score < 60)                                                       ③
                Console.WriteLine("您需要加倍努力!");

            if ((score >= 60) && (score < 85))
            {
                Console.WriteLine("您的成绩还可以,仍需继续努力!");
```

```
        }
      }
    }
  }
```

上述程序运行时，会挂起并等待用户输入，如图 5-2 所示，输入内容后按 Enter 键，程序将继续执行，如图 5-3 所示。

图 5-2　等待用户输入

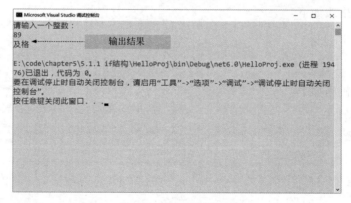

图 5-3　程序继续执行

上述代码第①行调用 Console 类的.ReadLine()方法，从控制台读取一个字符串。

代码第②行通过 Convert.ToInt32(str)方法将字符串转换为整数。

代码第③行的 if 语句中的语句组只有一条语句，故省略大括号。

5.1.2　if-else 结构

微课视频

if-else 结构流程如图 5-4 所示，首先测试条件表达式，如果为 true，则执行语句组 1；如果为 false，则忽略语句组 1 而直接执行语句组 2，然后继续执行后面的语句。

if-else 结构语法格式如下：

```
if (条件表达式) {
    语句组 1
```

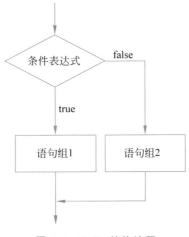

图 5-4　if-else 结构流程

```
} else {
    语句组 2
}
```

if-else 结构示例代码如下：

```
// 5.1.2 if-else 结构
namespace HelloProj
{
    internal class Program
    {
        static void Main(string[] args)
        {
            Console.WriteLine("请输入一个整数:");
            string str = Console.ReadLine();          // 从键盘读取字符串
            int score = Convert.ToInt32(str);         // 将字符串转换为 int 类型数据
            if (score < 60)
                Console.WriteLine("不及格");
            else
                Console.WriteLine("及格");
        }
    }
}
```

上述代码与 5.1.1 节类似，这里不再赘述。

5.1.3　if-else-if 结构

如果程序有多个分支，则可以使用 if-else-if 结构，其流程如图 5-5 所示。if-else-if 结构实际上是 if-else 结构的多层嵌套，其明显特点就是在多个语句组中只执行一个，而其他都不执行，所以这种结构可用于有多种判断结果的情况。

if-else-if 语法格式如下：

```
if (条件表达式 1) {
```

微课视频

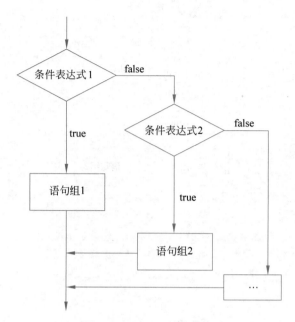

图 5-5　if-else-if 结构流程

```
        语句组 1
} else if (条件表达式 2) {
        语句组 2
} else if (条件表达式 3) {
        语句组 3
...
} else if (条件表达式 n) {
        语句组 n
} else {
        语句组 n + 1
}
```

if-else-if 结构示例代码如下：

```
// 5.1.3 if - else - if 结构
namespace HelloProj
{
    internal class Program
    {
        static void Main(string[ ] args)
        {
            Console. WriteLine("请输入一个整数:");
            string str = Console. ReadLine();          // 从键盘读取字符串
            int score = Convert. ToInt32(str);          // 将字符串转换为 int 类型数据
            char grade;
            if (score > = 90)
                grade = 'A';
            else if (score > = 80)
```

```
            grade = 'B';
        else if (score >= 70)
            grade = 'C';
        else if (score >= 60)
            grade = 'D';
        else
            grade = 'F';

        Console.WriteLine("分数等级:" + grade);
    }
  }
}
```

上述代码与 5.1.1 节类似,这里不再赘述。

5.2　多分支语句

如果分支有很多,那么 if-else-if 结构使用起来将很麻烦,这时可以使用 switch 语句,它的语法格式如下:

```
switch (表达式) {
    case 判断值1:
        语句组 1
    case 判断值2:
        语句组 2
    case 判断值3:
        语句组 3
    ...
    case 判断值n:
        语句组 n
    default:
        语句组 n+1
}
```

default 语句可以省略。switch 语句中"表达式"运算结果只能是如下几种类型。

(1) 整数类型。

(2) 字符串类型。

(3) 枚举类型。

当程序执行到 switch 语句时,先计算"表达式"的值,假设值为 A,然后拿 A 与第 1 个 case 语句中的"判断值 1"进行匹配,如果匹配,则执行"语句组 1",执行完成后不跳出 switch 语句,只有遇到 break 才跳出 switch 语句;如果 A 没有与第 1 个 case 语句中的"判断值 1"匹配,则与第 2 个 case 语句中的"判断值 2"进行匹配,如果匹配,则执行"语句组 2",以此类推,直到执行"语句组 n"。如果所有的 case 语句都没有被执行,就执行 default 的"语句组 n+1",这时才跳出 switch 语句。

5.2.1 表达式运算结果是整数类型

switch 语句中的表达式运算结果可以是整数类型或字符串类型，下面先看一个整数类型的示例，代码如下：

```csharp
namespace HelloProj
{
    internal class Program
    {
        static void Main(string[] args)
        {
            Console.WriteLine("请输入一个整数:");
            string str = Console.ReadLine();           // 从键盘读取字符串
            int score = Convert.ToInt32(str);          // 将字符串转换为 int 类型数据

            char grade;
            switch (score / 10)
            {
                case 10:
                case 9:
                    grade = 'A';
                    break;
                case 8:
                    grade = 'B';
                    break;
                case 7:
                    grade = 'C';
                    break;
                case 6:
                    grade = 'D';
                    break;
                case 5:
                    grade = 'E';
                    break;
                default:
                    grade = '?';
                    break;
            }
            Console.WriteLine("分数等级:" + grade);
        }
    }
}
```

上述示例运行时，用户通过键盘输入一个整数，然后通过执行 switch 语句返回结果，如图 5-6 所示。

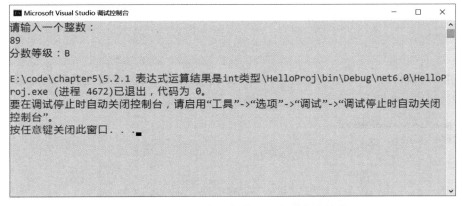

图 5-6 switch 语句示例代码运行过程和结果

5.2.2 表达式运算结果是字符串类型

微课视频

5.2.1 节示例介绍了表达式运算结果是整数类型,本节介绍表达式运算结果是字符串类型,示例代码如下:

```
namespace HelloProj
{
    internal class Program
    {
        static void Main(string[] args)
        {
            Console.WriteLine("请输入级别:");
            string level = Console.ReadLine();
            string desc = "";
            switch (level)
            {
                case "优":
                    desc = "90 分以上";
                    break;
                case "良":
                    desc = "80 分～89 分";
                    break;
                case "中":
                    desc = "60 分～79 分";
                    break;
                case "差":
                    desc = "低于 60 分";
                    break;
                default:
                    desc = "无法判断";
                    break;
            }
```

```
        Console.WriteLine(desc);
    }
  }
}
```

上述示例运行时，用户通过键盘输入优、良、中和差等字符，然后通过执行 switch 语句返回结果，如图 5-7 所示。

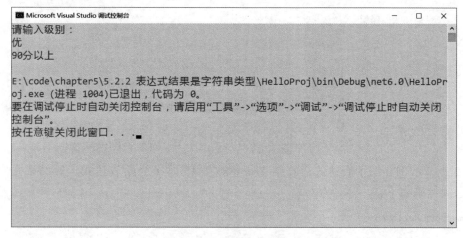

图 5-7　示例代码返回结果

5.3　动手练一练

1. 选择题

(1) switch 语句中"表达式"的运算结果是如下哪些类型？(　　　)

　　A. byte、sbyte、char 和 int 类型　　　　　B. String 类型

　　C. 枚举类型　　　　　　　　　　　　　　　D. 以上都不是

(2) 下列语句执行后，ch1 的值是(　　　)。

```
char ch1 = 'A', ch2 = 'W';
if (ch1 + 2 < ch2) ++ch1;
```

　　A. 'A'　　　　　　　　　　　　　　　　　B. 'B'

　　C. 'C'　　　　　　　　　　　　　　　　　D. B

2. 判断题

(1) switch 语句中每一个 case 语句后面必须加上 break 语句。(　　　)

(2) if 语句可以替代 switch 语句。(　　　)

(3) if 语句中的语句组只有一条语句时，不能省略大括号。(　　　)

第6章 循环语句

循环语句能够使程序代码重复执行。C♯语言支持 4 种循环语句：while、do-while、for和 foreach。

6.1 while 语句

while 语句是一种先判断的循环语句,它的流程如图 6-1 所示,首先测试条件表达式,如果为 true,则执行语句组;如果为 false,则忽略语句组继续执行后面的语句。

示例代码如下:

```
// 6.1 while 语句
usinq System;
namespace HelloProj
{
    internal class Program
    {
```

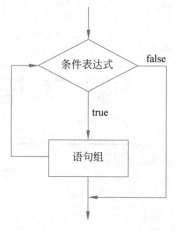

图 6-1   while 语句流程

```
static void Main(string[ ] args)
{
    int count = 0;                              // 声明变量

    while (count < 3)
    {                                           // 测试条件 count < 3
        Console.WriteLine("Hello C#!");
        count++;                                // 累加变量
    }
    Console.WriteLine("Game Over");
}
```

程序运行结果如下：

```
Hello C#!
Hello C#!
Hello C#!
Game Over
```

循环体中若需要循环变量，就必须在 while 语句之前对循环变量进行初始化。本例中先给 count 赋值 0，然后在循环体内部必须通过语句更改循环变量的值，否则将会发生死循环。

6.2　do-while 语句

微课视频

do-while 语句的使用与 while 语句相似，不过 do-while 语句是事后判断循环条件，它的流程如图 6-2 所示，do-while 语句语法格式如下：

```
do {
    语句组
} while (循环条件)
```

do-while 语句没有初始化语句,循环次数是不可知的,无论循环条件是否满足,都会先执行一次循环体,然后再判断循环条件。如果条件满足,则执行循环体;不满足,则结束循环。

示例代码如下:

```
// 6.2 do-while 语句
using System;
namespace HelloProj
{
    internal class Program
    {
        static void Main(string[] args)
        {
            int count = 5;                    // 声明变量
            do
            {
                Console.WriteLine("Hello C#!");
                count++;                      // 累加变量
            } while (count < 3);              // 测试条件 count < 3
            Console.WriteLine("Game Over");
        }
    }
}
```

图 6-2　do-while 语句流程

程序运行结果如下:

```
Hello C#!
Game Over
```

从上述代码执行结果可见 Hello C#!只打印了一次,即便测试条件表达式 count < 3 永远为 false,也会执行一次循环体。

6.3　for 和 foreach 语句

在 C#语言中的循环语句除了 while 和 do-while 外,还有 for 语句和 foreach 语句。

6.3.1　for 语句

微课视频

for 语句允许在执行循环之前初始化变量,设置条件,执行操作以及更新变量,以便控制循环的执行次数。

for 语句一般语法格式如下:

```
for (初始化; 循环条件; 迭代) {
    语句组
}
```

for 语句执行流程如图 6-3 所示。首先会执行初始化语句,它的作用是初始化循环变量和其他变量;然后程序会判断循环条件是否满足,如果满足,则继续执行循环体中的"语句组"；执行完成后计算迭代语句，之后再判断循环条件；如此反复，直到判断循环条件不满足时跳出循环。

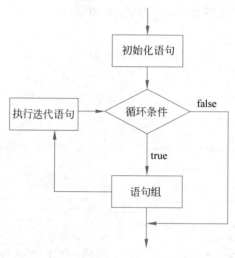

图 6-3　for 语句执行流程

以下示例代码是输出 1～9 的平方表的程序。

```
//6.3.1 for 语句
namespace HelloProj
{
    internal class Program
    {
        static void Main(string[] args)
        {
            for (int i = 1; i < 10; i++)
            {
                Console.WriteLine( $ "{i} x {i} = {i * i}");     ①
            }
        }
    }
}
```

程序运行结果如下：

```
1 x 1 = 1
2 x 2 = 4
3 x 3 = 9
4 x 4 = 16
5 x 5 = 25
6 x 6 = 36
7 x 7 = 49
8 x 8 = 64
9 x 9 = 81
```

在这个程序的循环初始化语句中，给循环变量 i 赋值为 1，每次循环都要判断 i 的值是否小于 10,如果为 true,则执行循环体,然后给 i 加 1。因此,最后的结果是打印出 1～9(不包括 10)的平方。

> **提示**　在上述示例代码第①行中,WriteLine()方法打印字符串时采用了内插字符串,它是用"$"开头的字符串,内插字符串中有很多大括号"{}"括起的表达式,在运行时大括号"{}"中的内容会被表达式的计算结果替换。

6.3.2　foreach 语句

微课视频

foreach 语句用于遍历数组或集合中的元素,用 foreach 语句遍历数组的示例代码如下:

```
//6.3.2 foreach 语句
namespace HelloProj
{
    internal class Program
    {
        static void Main(string[] args)
        {
            string[] strArry = { "刘备", "关羽", "张飞" };
            foreach (string element in strArry)                    ①
            {
                Console.WriteLine("Count is:" + element);
            }
        }
    }
}
```

程序运行结果如下:

```
Count is:刘备
Count is:关羽
Count is:张飞
```

上述代码第①行用 foreach 语句遍历数组 strArry,它不需要使用循环变量,而是直接将数组中的元素赋值给遍历时定义的变量(这里是 element)。

6.4　跳转语句

跳转语句能够改变程序的执行顺序,实现程序的跳转。在循环语句中主要使用 break 语句、continue 语句和 goto 语句。

6.4.1　break 语句

微课视频

break 语句的作用是强行退出循环体,不再执行循环体中剩余的语句,其语法格式如下:

```
break;
```

下面看一个示例，代码如下：

```csharp
// 6.4.1 break 语句
namespace HelloProj
{
    internal class Program
    {
        static void Main(string[] args)
        {
            int[] numbers = { 1, 2, 3, 4, 5, 6, 7, 8, 9, 10 };

            for (int i = 0; i < numbers.Length; i++)
            {
                if (i == 3)
                {
                    //跳出循环
                    break;
                }
                Console.WriteLine("Count is: " + i);
            }
        }
    }
}
```

上述示例代码运行的结果如下：

```
Count is: 0
Count is: 1
Count is: 2
```

6.4.2　continue 语句

微课视频

continue 语句用来结束本次循环，跳过循环体中尚未执行的语句，接着进行终止条件的判断，以决定是否继续循环。对于 for 语句，在进行终止条件的判断前，还要先执行迭代语句。

在循环体中使用 continue 语句，它的语法格式如下：

```
continue;
```

下面看一个示例，代码如下：

```csharp
// 6.4.2 continue 语句
namespace HelloProj
{
    internal class Program
    {
        static void Main(string[] args)
        {
            int[] numbers = { 1, 2, 3, 4, 5, 6, 7, 8, 9, 10 };
```

```
        for (int i = 0; i < numbers.Length; i++)
        {
            if (i == 3)
            {
                continue;
            }
            Console.WriteLine("Count is: " + i);
        }
        Console.WriteLine("Game Over!");
    }
}
}
```

在上述程序代码中,当条件 i == 3 时执行 continue 语句,continue 语句会终止本次循环,循环体中 continue 之后的语句将不再执行,接着进行下次循环,所以输出结果中没有 3。

上述代码运行结果如下:

```
Count is: 0
Count is: 1
Count is: 2
Count is: 4
Count is: 5
Count is: 6
Count is: 7
Count is: 8
Count is: 9
Game Over!
```

6.4.3 goto 语句

break 语句和 continue 语句在多层嵌套循环时都只是跳出它们所在的内循环,如果想跳出外循环,则可以使用 goto 语句。

示例代码如下:

```
//6.4.3 goto 语句
namespace HelloProj
{
    internal class Program
    {
        static void Main(string[] args)
        {
            int[] numbers = { 1, 2, 3, 4, 5, 6, 7, 8, 9, 10 };
            // 外循环
            for (int i = 0; i < numbers.Length; i++)
            {
                for (int x = 0; x < 5; x++)
                {
                    // 内循环
                    for (int y = 5; y > 0; y--)
                    {
                        if (y == x)
```

```
                            {
                                //跳转到 label1 指向的循环
                                goto label1;                              ①
                            }
                            Console.WriteLine("(x,y) = ({0},{1})", x, y);
                        }


                    }
                }
            label1: //声明标签 label1                                      ②
                Console.WriteLine("Game Over!");
            }
        }
    }
```

上述代码有两个 for 语句，代码第①行使用 goto 语句跳转到 label1 指向的循环，其循环见代码第②行。

上述代码运行结果如下：

```
(x,y) = (0,5)
(x,y) = (0,4)
(x,y) = (0,3)
(x,y) = (0,2)
(x,y) = (0,1)
(x,y) = (1,5)
(x,y) = (1,4)
(x,y) = (1,3)
(x,y) = (1,2)
Game Over!
```

6.5　动手练一练

1. 选择题

（1）下列语句执行后，k 的值是（　　）。

```
int m = 3, n = 6, k = 0;
while ((m++) < ( -- n)) ++k;
```

A. 0　　　　　　　　　　　　　　　B. 1

C. 2　　　　　　　　　　　　　　　D. 3

（2）能使循环语句跳出循环体的语句是（　　）。

A. for　　　　　　　　　　　　　　B. break

C. while　　　　　　　　　　　　　D. continue

（3）下列语句执行后，x 的值是（　　）。

```
int a = 3, b = 4, x = 5;

if (a < b) {
```

```
    a++;
    ++x;
}
```

A. 5   B. 3

C. 4   D. 6

（4）以下 C♯ 语言代码编译运行后，下列选项中（   ）会出现在输出结果中。

```
# include < iostream >

int main() {
    for (int i = 0; i < 3; i++) {
        for (int j = 3; j >= 0; j--) {
            if (i == j)
                continue;
            std::cout << "i = " << i << " j = " << j << std::endl;
        }
    }
    return 0;
}
```

A. i＝0 j＝3   B. i＝0 j＝0

C. i＝2 j＝2   D. i＝0 j＝2

E. i＝0 j＝1

（5）运行下列 C♯ 语言代码后，下面选项中（   ）包含在输出结果中。

```
# include < iostream >

int main() {
    int i = 0;
    do {
        std::cout << "i = " << i << std::endl;
    } while (-- i > 0);
    std::cout << "完成" << std::endl;
    return 0;
}
```

A. i ＝ 3   B. i ＝ 1

C. i ＝ 0   D. 完成

第 7 章

面向对象基础

面向对象编程是主流计算机编程语言的重要特性，C♯语言是支持面向对象的编程语言，本章将介绍 C♯语言中面向对象的基础知识。

7.1　面向对象概述

面向对象编程的思想：按照真实世界客观事物的自然规律进行分析，客观世界中存在什么样的实体，构建的软件系统就存在什么样的实体。

例如：在真实世界中，学校会有学生和老师等实体，学生有学号、姓名、所在班级等属性（数据），学生还有学习、提问、吃饭和走路等操作。学生只是抽象的描述，这个抽象的描述称为"类"。在学校中活动的个体是学生，即张同学、李同学等，这些具体的个体称为"对象"，"对象"也称为"实例"。

在现实世界有类和对象，面向对象软件世界也会有，只不过它们会以某种计算机语言编写的程序代码形式存在，这就是面向对象编程（Object Oriented Programming，OOP）。

7.2 面向对象三个基本特性

面向对象有三个基本特性：封装性、继承性和多态性。

7.2.1 封装性

在现实世界中封装的例子到处都是。例如：一台计算机内部极其复杂，有主板、CPU、硬盘和内存，而一般用户不需要了解它的内部细节，不需要知道主板的型号、CPU主频、硬盘和内存的大小，于是计算机制造商便用机箱把计算机封装起来，对外提供了一些接口，如鼠标、键盘和显示器等，这样用户使用计算机就变得非常方便。

面向对象的封装与真实世界的目的是一样的。封装使外部访问者不能随意存取对象的内部数据，隐藏了对象的内部细节，只保留有限的对外接口。外部访问者不用关心对象的内部细节，使操作对象变得简单。

7.2.2 继承性

在现实世界中继承也是无处不在。例如：轮船与客轮之间的关系，客轮是一种特殊的轮船，拥有轮船的全部特征和行为，即数据和操作。在面向对象中，轮船是一般类，客轮是特殊类，特殊类拥有一般类的全部数据和操作，称为特殊类继承一般类。一般类称为"父类"或"超类"或"基类"，特殊类称为"子类"或"派生类"，本书统一将一般类称为"基类"，特殊类称为"派生类"。

7.2.3 多态性

在面向对象编程中，多态性通常表现为派生类对象可以替换基类对象的位置并能够正确地执行相应的操作。多态性可以提高代码的可扩展性和可维护性，使程序可以更加灵活地适应需求的变化。因此，多态性是面向对象编程中的一个重要概念。

7.3 声明类

面向对象编程的第一步就是声明类，声明类的基本语法格式如下：

```
class className {            //声明类
    //类体
}
```

其中，class是声明类的关键字，className是自定义的类名；class前面的修饰符public和internal、sealed和abstract等用来声明类，它们的具体用法后面章节会详细介绍。

声明员工(Employee)类示例代码如下：

```
public class Employee {
}
```

7.3.1　创建对象

类是用来描述创建对象的代码模板或蓝图，而对象是类的一个实例。类定义了对象的属性和方法，但是只有通过实例化类才能够创建对象。实例化是指使用类的模板创建一个新的对象，这个对象可以使用类定义的属性和方法。

要创建对象包括两个步骤。

（1）声明对象类型：声明对象类型与声明普通变量没有区别，语法格式如下：

```
type objectName;
```

其中，type 是引用类型，即类、接口、枚举和数组。示例代码如下：

```
String name;
```

该语句声明了字符串类型变量 name，但此时并未为对象分配内存空间，而只是分配一个引用。

（2）实例化：实例化过程分为两个阶段，即为对象分配内存空间和初始化对象。首先使用 new 运算符为对象分配内存空间；然后调用构造方法初始化对象。示例代码如下：

```
Employee employee;
employee = new Employee();
```

7.3.2　空对象

一个引用对象没有通过 new 运算符为其分配内存空间，这个对象就是空对象。C♯语言使用关键字 null 表示空对象。示例代码如下。

```
string name = null;
name = "Hello World";
```

引用对象默认值是 null。当试图调用一个空对象的实例变量或实例方法时，会抛出空指针异常 NullReferenceException，示例代码如下：

```
string name = null;
//输出 null 字符串
Console.WriteLine(name);
//调用 Length 属性
int len = name.Length;                        ①
Console.WriteLine("字符串的长度:" + len);
```

上述代码运行到第①行时，系统会抛出异常，这是因为调用 Length 属性时，name 是空对象。应该避免调用空对象的字段和方法，示例代码如下：

```
if (name != null)
{
    //调用 Length 属性
    int len = name.Length;
    Console.WriteLine("字符串的长度:" + len);
}
```

💡**提示**　产生空对象有两种可能性。

(1) 程序员忘记了实例化。

(2) 空对象是别人传递过来的。

程序员必须防止第一种情况发生,应该仔细检查自己的代码,对创建的所有对象进行实例化操作;第二种情况需要通过判断对象是否为"非 null"进行避免。

7.3.3　清除对象

当不再引用一个对象时,C♯语言的垃圾收集器会自动扫描对象的动态内存区,把没有引用的对象作为垃圾收集起来并释放。因此,C♯语言的程序员不用关心对象的清除问题。

7.4　类的成员

类的成员包括常量、字段、方法、属性、索引、事件、操作符、构造方法、析构方法和嵌套类型声明,其中使用比较多的成员有:字段、方法、属性、构造方法和析构方法,本节先重点介绍字段、方法和属性这几个类成员。7.5 节和 7.6 节介绍构造方法和析构方法。

7.4.1　字段

微课视频

字段是与类相关的变量。

示例代码如下:

```
7.4.1 字段
namespace HelloProj
{
    class Employee                                    ①
    {
        public int employeeID;                        ②
        public string name;                           ③
    }

    internal class Program
    {
        static void Main(string[] args)
        {
            Employee employee = new Employee();       ④
            employee.name = "Simon";                  ⑤
            Console.WriteLine(employee.name);         ⑥
        }
    }
}
```

上述代码第①行定义了 Employee 类,代码第②~③行定义了 employeeID 和 name

字段。

代码第④行是实例化 Employee 对象，访问字段需要加上"对象."前缀，即"employee."，具体见代码第⑤行和第⑥行。

微课视频

7.4.2　方法

方法是与某个特定类相关的函数。

示例代码如下：

```
//7.4.2 方法
namespace HelloProj
{
    class Employee
    {
        public int employeeID;
        public string name;
        public double salary = 12000;              // 声明薪水字段          ①


        /// < summary >
        /// 调整的薪水方法
        /// </ summary >
        /// < param name = "sal">要调整的薪水</param >
        internal void Adjust(double sal)                                  ②
        {
            this.salary += sal;                                          ③
        }
    }

    internal class Program
    {
        static void Main(string[ ] args)
        {
            Employee employee = new Employee();
            employee.name = "Simon";
            employee.Adjust(600);          // 调用 employee 对象的 Adjust()方法   ④
            Console.WriteLine( $ "员工{employee.name} 薪水:{employee.salary}");
        }
    }
}
```

上述代码第①行声明薪水字段；代码第②行添加了调整薪水方法 Adjust()；代码第③行是在 Adjust()方法中改变 salary 字段数据，注意 this 关键字表示当前对象；代码第④行是调用该方法，注意访问方法需要加上"对象."前缀。

代码运行结果如下：

员工 Simon 薪水:12600

7.4.3　属性

为了对类进行封装,类的字段通常被设计为私有的(private),为了能在类的外部有限地访问这些私有字段,C#语言引入了属性的概念,属性类似于字段,它们的区别为：属性不存储数据,而字段存储数据。

声明属性时需要提供一个字段,以及对该字段读写的 get 方法(称为 get 访问器)和 set 方法(称为 set 访问器),其中 get 访问器用来读取字段数据,set 访问器用来写入字段数据。

属性示例代码如下：

```
//7.4.3 属性
namespace HelloProj
{
    // 声明按钮类
    class Button
    {
        private string caption;                 // 声明标题字段

        public string Caption                   // 声明属性              ①
        {
            get // get 访问器
            {
                return caption;                                        ②
            }
            set// set 访问器
            {
                Console.WriteLine("新值:" + value);// value 是隐含参数
                caption = value;                                       ③
            }
        }                                                              ④

        internal class Program
        {
            static void Main(string[] args)
            {
                Button button = new Button();
                Console.WriteLine(button.Caption);      // 读取 Caption 属性    ⑤
                button.Caption = "确定";                // 写入 Caption 属性    ⑥
                Console.WriteLine("按标题:" + button.Caption);
            }
        }
    }
}
```

上述代码声明了 Button(按钮)类,它有一个私有字段 caption,为了访问该字段,需要声明一个属性 Caption,见代码第①~④行。注意,代码第②行是在 get 访问器中读取字段

caption 数据；代码第③行是给字段 caption 赋值，其中 value 是隐含参数，它是要修改的属性值。

代码第⑤行是读取 Caption 属性，实际上就是读取 caption 字段的数据，代码第⑥行是写入 Caption 属性，实际上就是写入 caption 字段的数据。

上述代码运行结果如下：

```
新值:确定
确定
```

微课视频

7.4.4 只读属性

如果属性声明中省略 set 访问器，就可以创建只读属性，修改 7.3.3 节示例代码为只读属性的代码，具体如下：

7.4.4 只读属性

```
namespace HelloProj
{
    // 声明按钮类
    class Button
    {
        private string caption = "OK";              // 声明标题字段

        public string Caption                       // 声明属性
        {
            get // get 访问器
            {
                return caption;
            }
        }

    }

    internal class Program
    {
        static void Main(string[] args)
        {
            Button button = new Button();
            Console.WriteLine("按标题:" + button.Caption);

        }
    }
}
```

从上述代码可见，只读属性很简单，没有 set 访问器，其他代码此处不再赘述。

上述代码运行结果如下：

```
按标题:OK
```

7.5　构造方法

如果使用 7.3 节介绍的 Employee 类创建了两个对象：老张和老李，那么它们的 employeeID 字段内容是不同的，employeeID 等字段隶属于对象，即实例，因此 employeeID 等字段也被称为实例字段。

当通过类创建对象时，不仅需要为其开辟内存空间，还需要初始化它的实例字段，构造方法的作用就是初始化这些实例字段。

7.5.1　构造方法概念

微课视频

构造方法是类中的特殊方法，用来初始化类的实例字段，构造方法的特点如下。

（1）构造方法名必须与类名相同。

（2）构造方法没有任何返回值，包括 void。

（3）构造方法只能与 new 运算符结合使用，它在创建对象（new 运算符）之后自动调用。

构造方法示例代码如下：

```
//7.5.1 构造方法概念
namespace HelloProj
{
    public class Employee
    {
        public int employeeID;
        public string name;
        public double salary = 12000;

        // 构造方法
        public Employee(String name, int id, double sal)          ①
        {
            this.name = name;              // 通过 name 参数初始化字段 name      ②
            this.employeeID = id;          // 通过 id 参数初始化字段 employeeID
            this.salary = sal;             // 通过 sal 参数初始化字段 salary    ③
        }
    }
```

上述代码第①行声明构成方法，它有 3 个参数用于初始化字段，参数是方法中的局部变量，它的作用域是当前方法。

代码第②~③行是通过参数初始化字段，this 是指向当前对象的引用，可以调用当前对象的实例字段和实例方法。

为了测试员工类，可以在 Main 类中的 main() 方法中添加如下测试代码：

```
internal class Program
{
    static void Main(string[] args)
    {
```

```
                // 通过 Employee 类创建对象 emp1
                Employee emp1 = new Employee("Tony", 1001, 5000);
                // 通过 Employee 类创建对象 emp2
                Employee emp2 = new Employee("Ben", 1002, 4500);

        Console.WriteLine( $ "员工{emp1.name}编号:{emp1.employeeID} 薪水:{emp1.salary}");    ①
        Console.WriteLine( $ "员工{emp2.name}编号:{emp2.employeeID} 薪水:{emp2.salary}");    ②
            }
        }
```

上述代码分别创建了两个员工对象 emp1 和 emp2,其中 new 运算符是开辟内存空间及创建员工对象,然后再调用构造方法初始化员工对象。

代码第①行和第②行分别调用类中对象 emp1 和 emp2 的字段,注意,代码中使用了点(.)运算符。

上述代码运行结果如下:

```
员工 Tony 编号:1001 薪水:5000
员工 Ben 编号:1002 薪水:4500
```

7.5.2 默认构造方法

有时在类中根本看不到任何的构造方法,示例代码如下:

```
//7.5.2 默认构造方法
namespace HelloProj
{
    public class Employee
    {
        public int employeeID;
        public string name;
        public double salary = 12000;
    }

    internal class Program
    {
        static void Main(string[] args)
        {
            // 通过 Employee 类创建对象 emp1
            Employee emp1 = new Employee();    ①
            Console.WriteLine( $ "员工{emp1.name}编号:{emp1.employeeID} 薪水:{emp1.salary}");
        }
    }
}
```

从上述 Employee 类代码(只有 2 个字段)中看不到任何的构造方法,但是还是可以调用无参数的构造方法创建 Employee 对象,见代码第①行,这说明 Employee 类有 1 个无参数的默认构造方法。

7.5.3 构造方法重载

在一个类中可以有多个构造方法,它们具有相同的名字(与类名相同),但参数列表不同,所以它们之间一定是重载关系。

构造方法重载示例代码如下:

```
//7.5.3 构造方法重载

using System.Text;

namespace HelloProj
{
    public class Person
    {
        // 名字
        private string name;
        // 年龄
        private int mAge;
        // 出生日期
        private DateTime birthDate;

        public Person(string n, int a, DateTime d)          ①
        {
            this.name = n;
            this.mAge = a;
            this.birthDate = d;
        }

        public Person(string n, int a)                      ②
        {
            name = n;
            mAge = a;
        }

        public Person(string n, DateTime d)                 ③
        {
            name = n;
            mAge = 30;
            birthDate = d;
        }

        public Person(string n)                             ④
        {
            name = n;
            mAge = 30;
        }

        public String getInfo()
```

```
    {
        StringBuilder sb = new StringBuilder();                    ⑤
        sb.Append("名字: ").Append(name).Append('\n');
        sb.Append("年龄: ").Append(mAge).Append('\n');
        sb.Append("出生日期: ").Append(birthDate).Append('\n');
        return sb.ToString();
    }
}
```

上述代码 Person 类代码提供了 4 个重载的构造方法,如果有准确的姓名、年龄和出生日期信息,则可以选用代码第①行的构造方法创建 Person 对象;如果只有姓名和年龄信息,则可以选用代码第②行的构造方法创建 Person 对象;如果只有姓名和出生日期信息,则可以选用代码第③行的构造方法创建 Person 对象;如果只有姓名信息,则可以选用代码第④行的构造方法创建 Person 对象。

另外,上述代码第⑤行 StringBuilder 类是可变字符串类,有关 StringBuilder 将在 10.3 节详细介绍。

微课视频

7.6 析构方法

析构方法与构造方法相反,是用于释放一个类的实例字段。析构方法不能有参数,不能有任何修饰符而且不能被调用。析构方法在自动垃圾收集时会被自动调用。如下代码是 Person 类的析构方法声明:

```
~Person() // 析构方法
{
    // 释放资源代码
    Console.WriteLine("释放资源代码…");
}
```

7.7 静态成员和静态类

静态成员是使用 static 关键字修饰的类成员,静态类是使用 static 关键字修饰的类。

微课视频

7.7.1 静态字段

静态成员是该类所有实例(或对象)是共有的。例如同一个公司员工,他们的员工编号、姓名和薪水会因人而异,而他们所在公司是相同的,所在公司与个体实例无关或者说是所有员工实例共享的,这种类成员称为“静态成员”,声明时需要使用 static 关键字。

由于静态成员有很多,本节先介绍静态字段。

声明静态字段示例代码如下:

```
//7.7.1 静态字段
```

```
namespace HelloProj
{
    class Employee
    {
        public int employeeID;
        public string name;
        public double salary = 12000;                    // 声明薪水字段
        public static string companyName = "XYZ";        // 声明所在公司静态字段    ①

        // 构造方法
        public Employee(string name, int id, double sal)
        {
            this.name = name;                    // 通过 name 参数初始化字段 name
            this.employeeID = id;                // 通过 id 参数初始化字段 employeeID
            this.salary = sal;                   // 通过 sal 参数初始化字段 salary
        }

        internal void Adjust(double sal)
        {
            this.salary += sal;
        }
    }


    internal class Program
    {
        static void Main(string[] args)
        {
            // 通过 Employee 类创建对象 emp1
            Employee emp1 = new Employee("Tony", 1001, 5000);
            // 通过 Employee 类创建对象 emp2
            Employee emp2 = new Employee("Ben", 1002, 4500);

Console.WriteLine( $ "员工{emp1.name}编号:{emp1.employeeID} 薪水:{emp1.salary},所在公司:
{Employee.companyName}");

            Employee.companyName = "ABC";        // 通过类名访问静态字段 companyName   ②
Console.WriteLine( $ "员工{emp1.name}编号:{emp1.employeeID} 薪水:{emp1.salary},所在公司:
{Employee.companyName}");
        }
    }
}
```

上述代码第①行使用 static 关键字声明静态字段 companyName,代码第②行访问该字段,访问静态成员不能通过"对象."前缀,只能通过"类名."前缀实现访问。

上述代码执行结果如下:

```
员工 Tony 编号:1001 薪水:5000,所在公司:XYZ
员工 Tony 编号:1001 薪水:5000,所在公司:ABC
```

7.7.2　静态方法

静态方法与静态字段类似，都属于类，而不属于单个实例的方法。

静态方法示例代码如下：

```
//7.7.2 静态方法

namespace HelloProj
{
    class Employee
    {
        public int employeeID;
        public string name;
        public double salary = 12000;              // 声明薪水字段
        public static string companyName = "XYZ";  // 声明所在公司静态字段

        // 构造方法
        public Employee(string name, int id, double sal)
        {
            this.name = name;              // 通过 name 参数初始化字段 name
            this.employeeID = id;          // 通过 id 参数初始化字段 employeeID
            this.salary = sal;             // 通过 sal 参数初始化字段 salary
        }

        internal void Adjust(double sal)
        {
            this.salary += sal;
        }

        // 显示所在公司
        internal static string ShowCompanyName()                    ①
        {
            // 通过类方法访问类变量
            return Employee.companyName;                            ②
        }

        // 改变所在公司
        internal static void ChangeCompanyName(string newName)      ③
        {
            Employee.companyName = newName;
        }
    }


    internal class Program
    {
        static void Main(string[] args)
        {
            // 通过 Employee 类创建对象 emp1
            Employee emp1 = new Employee("Tony", 1001, 5000);
            // 通过 Employee 类创建对象 emp2
```

```
                Employee emp2 = new Employee("Ben", 1002, 4500);

Console.WriteLine($ "员工{emp1.name}编号:{emp1.employeeID} 薪水:{emp1.salary},所在公司:
{Employee.companyName}");

                Employee.ShowCompanyName();              // 通过 Employee 类名访问类变量
                Employee.ChangeCompanyName("ABC");        // 通过对象 emp1 访问类变量

                Employee.companyName = "ABC";             // 通过类名访问静态字段 companyName
Console.WriteLine($ "员工{emp1.name}编号:{emp1.employeeID} 薪水:{emp1.salary},所在公司:
{Employee.companyName}");
        }
    }
}
```

上述代码第①行通过 static 关键字声明静态方法,在静态方法中可以访问静态字段,但是不能访问实例变量。

代码第②行是访问静态字段。

代码第③行是声明静态方法,在该方法中通过参数 newName 改变静态字段 companyName 值。

上述代码执行结果如下:

```
员工 Tony 编号:1001 薪水:5000,所在公司:XYZ
员工 Tony 编号:1001 薪水:5000,所在公司:ABC
```

注意　静态方法中可以访问其他静态成员,但不能访问实例成员,而实例方法中可以访问实例成员和静态成员。

7.7.3　静态类

微课视频

类可以声明为 static,这种类称为“静态类”,静态类特点如下:

(1) 静态类只能包含静态成员。

(2) 静态类不能使用 new 关键字创建其实例。

(3) 静态类是密封的,即不能被继承。

(4) 静态类不能包含实例构造方法。

静态类的示例代码如下:

```
// 7.7.3 静态类

using System.Data;
namespace HelloProj
{
    // 声明数据库工具类
    static class DBUtilities                          ①
    {
        // 建立数据连接
```

```
        public static IDbConnection GetConnection()            ②
        {
            // 有待实现连接
            return null;
        }

        // 获得实际数据
        public static DateTime GetDBTime()                      ③
        {
            return DateTime.Now;
        }
    }



    internal class Program
    {
        static void Main(string[] args)
        {
            // 测试数据连接
            Console.WriteLine(DBUtilities.GetConnection());     ④
            Console.WriteLine(DBUtilities.GetDBTime());         ⑤
        }
    }
}
```

上述代码第①行声明数据库工具类 DBUtilities，在 DBUtilities 类中声明了 2 个静态方法，见代码第②行和第③行。

调用静态类的代码字段也是通过"类名."形式实现，见代码第④行和第⑤行。

上述代码执行结果如下：

```
2022/12/4 18:39:02
```

微课视频

7.8 部分类

通常情况下，一个类存储在一个文件中，但有的时候多个开发人员都需要访问同一个类，或者某种原因需要把一个类放在多个文件，这就是"部分类"。

使用 partial 关键字可以把类、结构和接口放在多个文件中。

由于 7.7.1 节示例代码中 Employee 类比较大，如果采用"部分类"将 Employee 类的声明分散到 2 个文件中，则会有 3 个文件，使用 Visual Studio 工具打开项目，如图 7-1 所示，可见 3 个文件。

EmployeePart1.cs 文件代码如下：

```
//7.8 部分类 - 1

namespace HelloProj
{
```

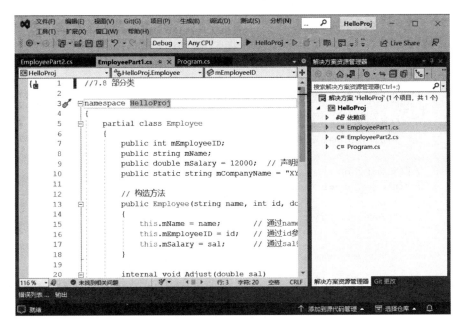

图 7-1　使用 Visual Studio 工具打开项目

```csharp
partial class Employee                              ①
{
    public int employeeID;
    public string name;
    public double salary = 12000;              // 声明薪水字段
    public static string companyName = "XYZ";  // 声明所在公司静态字段

    // 构造方法
    public Employee(string name, int id, double sal)
    {
        this.name = name;                      // 通过 name 参数初始化字段 name
        this.employeeID = id;                  // 通过 id 参数初始化字段 employeeID
        this.salary = sal;                     // 通过 sal 参数初始化字段 salary
    }

    internal void Adjust(double sal)
    {
        this.salary += sal;
    }
}
```

上述代码第①行使用 partial 声明"部分类"，它是 Employee 类的一部分，在该部分中主要声明了 Employee 类中实例字段、构造方法和实例方法。

EmployeePart2.cs 文件代码如下：

```
//7.8 部分类－2
```

```
namespace HelloProj
{
    partial class Employee                                    ①
    {
        // 显示所在公司
        internal static string ShowCompanyName()
        {
            // 通过类方法访问类变量
            return Employee.companyName;
        }
        // 改变所在公司
        internal static void ChangeCompanyName(string newName)
        {
            Employee.companyName = newName;
        }
    }
}
```

上述代码第①行使用 partial 声明部分类，它也是 Employee 类的一部分，在该部分中主要声明了 Employee 类中静态字段和静态方法。

Program.cs 文件代码如下：

```
//7.8 部分类 - 3
namespace HelloProj
{
    internal class Program
    {
        static void Main(string[] args)
        {
            // 通过 Employee 类创建对象 emp1
            Employee emp1 = new Employee("Tony", 1001, 5000);
            // 通过 Employee 类创建对象 emp2
            Employee emp2 = new Employee("Ben", 1002, 4500);

Console.WriteLine( $ "员工{emp1.name}编号：{emp1.employeeID} 薪水：{emp1.salary},所在公司：
{Employee.companyName}");

            Employee.ShowCompanyName();              // 通过 Employee 类名访问类变量
            Employee.ChangeCompanyName("ABC");       // 通过对象 emp1 访问类变量

            Employee.companyName = "ABC";            // 通过类名访问静态字段 companyName
Console.WriteLine( $ "员工{emp1.name}编号：{emp1.employeeID} 薪水：{emp1.salary},所在公司：
{Employee.companyName}");
        }
    }
}
```

7.6.1 节示例代码中该部分与 Program.cs 文件代码完全一致，它的功能是声明主方法，用来启动程序，上述示例代码运行结果与 7.6.1 节示例一样，这里不再赘述。

7.9 动手练一练

1. 选择题

（1）下列哪一项不属于面向对象程序设计的基本要素？（   ）

    A. 类   B. 对象   C. 方法   D. 安全

（2）定义一个类名为 MyClass 的类，并且该类可被一个项目中的所有类访问，那么该类的正确声明应为：（   ）

    A. private class MyClass：Object   B. class MyClass：Object

    C. public class MyClass   D. public class MyClass：Object

（3）下面哪项编译不会有错？（   ）

```
A.  namespace testpackage
    {
        public class Test
        {//do something …
            class MyClass { }
        }
    }
```

```
B.  namespace testpackage
    {
        public class Test
        {//do something …
        }
    }
```

```
C.  using System;
    class Person
    {//do something …
        public class Test
        {//do something …
        }
    }
```

```
D.  using System;
    public class Test{//do something … }
```

（4）下述哪些说法是正确的？（   ）

    A. 实例变量是类的字段   B. 实例变量是用 static 关键字声明的

    C. 方法变量在方法执行时创建   D. 方法变量在使用之前必须初始化

（5）指出下列哪个方法与方法 public void add(int a)为合理的重载方法？（   ）

    A. public int add(int a)   B. public void add(long a)

    C. public void add(int a,int b)   D. public void add(float a)

2. 判断题

用 static 修饰的方法称为类方法，它不属于类的一个具体对象，而是整个类的类方法。

（   ）

第 8 章

面向对象进阶

第 7 章介绍了 C♯ 语言面向对象的基础内容,本章我们介绍 C♯ 语言中面向对象的高级内容。

8.1 继承性

微课视频

出于构建具有可复用性、可扩展性、健壮性的软件系统的目的,面向对象提供了继承性。继承分为单继承和多继承。单继承如图 8-1 所示,只有一个基类(也称父类);而多继承如图 8-2 所示,可以有多个基类。C♯ 语言只支持单继承不支持多继承。

如图 8-3 所示是一个类图,Employee 是派生类,Person 是基类。

实现如图 8-3 所示的类图代码如下:

```
//8.1 继承性
namespace HelloProj
{
```

图 8-1 单继承　　　　　图 8-2 多继承　　　　　图 8-3 类图

```
//声明 Person 类
public class Person
{
    // 名字
    public string name;
    // 年龄
    private int age;
    // 构造方法
    public Person(string name, int age)
    {
        this.name = name;
        this.age = age;
    }

    public override string ToString()
    {
        return "Person [name = " + name
                + ", age = " + age + "]";
    }
}

//声明 Employee 类
public class Employee : Person                                        ①
{
    public double Salary;              //声明薪水字段
    public int EmployeeID;

    //构造方法
    public Employee(string name, int no, int age, double sal) : base(name, age)    ②
    {
        this.Salary = sal;              //通过 sal 参数初始化字段 Salary
        this.EmployeeID = no;           //通过 no 参数初始化字段 EmployeeID
    }

    //调整薪水方法
```

```
        private void Adjust(double sal)
        {
            this.Salary += sal;
        }
    }

    internal class Program
    {
        static void Main(string[] args)
        {
            // 通过 Person 类创建对象 p1
            Person p1 = new Person("Tony", 28);
            Console.WriteLine(p1);              ③

            // 通过 Employee 类创建对象 emp1
            Employee emp1 = new Employee("Ben", 1002, 28, 4500);
            Console.WriteLine( $"员工:{ emp1.name} 编号:{ emp1.EmployeeID}");
        }
    }
}
```

上述代码第①行声明 Employee 类，注意"："之后是声明基类；代码第②行声明 Employee 类的构造方法，其中 base(…)是调用基类构造方法，用于初始化基类的成员变量。

代码第③行打印 p1 对象，打印对象会调用对象的 ToString()方法，该方法会将对象转换为字符串并打印输出。

上述代码执行结果如下：

```
Person [name = Tony, age = 28]
员工:Ben 编号:1002
```

8.2　封装性

封装性是面向对象的特性之一，C#语言中可以对类和类的成员进行封装，封装是通过使用 public、private、protected 和 internal 关键字修饰类或类的成员实现的，当它们修饰成员时，可以组合出 6 种可访问级别。

（1）public(公有)：访问不受限制。

（2）protected internal(保护内部)：访问限于当前程序集或包含的类及其派生类。

（3）protected(保护)：访问限于包含的类及其派生类。

（4）internal(内部)：访问限于当前程序集，它是默认级别。

（5）private protected(私有保护)：访问限于当前类或当前程序集中包含的类的派生类。

（6）private(私有)：访问限于当前类。

这 6 种可访问级别归纳如表 8-1 所示。

表 8-1 可访问级别

可访问范围	级 别					
	public（公有）	protected internal（保护内部）	protected（保护）	internal（内部）	private protected（私有保护）	private（私有）
相同类	Yes	Yes	Yes	Yes	Yes	Yes
相同程序集的派生类	Yes	Yes	Yes	Yes	Yes	No
相同程序集的非派生类	Yes	Yes	No	Yes	No	No
不同程序集的派生类	Yes	Yes	Yes	No	No	No
不同程序集的非派生类	Yes	No	No	No	No	No

提示 程序集是 .NET 代码的单元，一个程序集可以认为是一个项目，包括多个 .cs 格式文件，它会被编译为 .dll 或 .exe 格式文件。

8.2.1 公有访问级别

公有访问级别是最高访问级别，对访问公有成员没有限制，示例代码如下：

```
//8.2.1 公有访问级别
class Point                                    ①
{
    public int x;        // 声明公有字段 x
    public int y;        // 声明公有字段 y
}


class MainClass                                ②
{
    static void Main(string[] args)
    {
        Point p = new Point();
        //访问公有成员
        p.x = 10;
        p.y = 15;
        Console.WriteLine( $ "x = {p.x}, y = {p.y}");    ③
    }
}
```

上述代码声明了 2 个类，见代码第①行的 Point 类和第②行的 MainClass 类，在 Point 类中声明 2 个公有字段 x 和 y，它们可以在任何地方被访问，所以以代码第③行可以访问它们。

上述代码执行结果如下：

```
x = 10, y = 15
```

微课视频

如果将 x 和 y 的可访问级别由 public 更改为 private 或 protected，则将产生编译错误，读者可以测试一下，这里不再赘述。

微课视频

8.2.2 私有访问级别

私有访问级别是允许的最低访问级别，私有成员只有在声明它们的类中才可被访问，示例代码如下：

```
//8.2.2 私有访问级别

// 声明类
class Employee
{
    private string name = "Ben";              // 声明私有字段
    private double salary = 1800.0;           // 声明私有字段


    public string Name                        // 声明私有 Name 属性
    {
        get
        {
            return name;
        }

        set
        {
            name = value;
        }
    }
}

class MainClass
{
    static void Main(string[] args)
    {
        Employee emp = new Employee();

        //访问公有属性成员
        Console.WriteLine(emp.Name);
        //访问私有属性成员
        Console.WriteLine(emp.salary);        // 编译错误     ①
    }
}
```

上述代码第①行试图访问私有属性成员，会发生编译错误。

微课视频

8.2.3 保护访问级别

保护访问级别是指成员在它的包含类和它的派生类可以被访问，示例代码如下：

```
//8.2.3 保护访问级别
```

```
// 声明基类
class Point
{
    protected int x;                    // 声明保护字段 x     ①
    protected int y;                    // 声明保护字段 y     ②
}


// 声明派生类
class DerivedPoint : Point
{
    public void ShowInfo()
    {
        // 继承访问基类 Point 成员
        Console.WriteLine( $ "x = {this.x}, y = {this.y}");    ③
    }
}


class MainClass
{
    static void Main(string[] args)
    {
        DerivedPoint dp = new DerivedPoint();
        dp.ShowInfo();

        // 直接调用 Point 受保护的成员
        dp.x = 10; dp.y = 15;           // 发生编译错误        ④
    }
}
```

上述代码第①行和第②行是声明包含类的字段,代码第③行是通过继承访问基类 Point 成员,其中 this.x 说明派生类继承基类中 x 和 y 字段。

但是代码第④行试图直接访问受保护的字段,这是被禁止的,因此会发生编译错误。

8.2.4　内部访问级别

微课视频

内部访问级别是指:只有在同一程序集的文件中内部类型成员才是可被访问的。下面通过一个示例介绍内部访问级别。首先在 Visual Studio 工具打开项目中添加一个类,添加步骤是:右击项目,在弹出菜单选中"添加"→"新建项"命令,弹出如图 8-4 所示的对话框,选中"类"后,在"名称"编辑框中输入文件名后,单击"添加"按钮,添加如图 8-5 所示的新文件 Class1.cs。

修改 Class1.cs 文件的代码如下:

```
8.2.4 内部访问级别 - 1
namespace HelloProj
{
    // 声明类
    class Point                    //类的访问级别默认是 internal    ①
    {
        internal int x;            //声明内部字段 x                ②
```

第1步，选中"类"

第2步，输入文件名

图 8-4 "添加新项"对话框

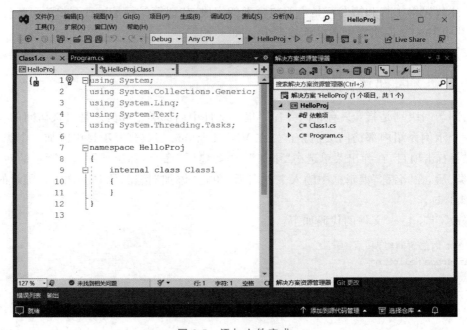

图 8-5 添加文件完成

```
        internal int y;              //声明内部字段 y                    ③
    }
}
```

上述代码第①行声明类 Point，该类没有任何访问修饰符，即采用默认访问修饰符
internal，即内部的；代码第②行和第③行分别声明了内部访问级别的 2 个字段。

为了测试 Point 类，还需要修改 Program.cs 文件，修改代码如下：

```
//8.2.4 内部访问级别 - 2
namespace HelloProj
{
    class MainClass
    {
        static void Main(string[] args)
        {
            Point point = new Point();
            // 调用 Point 类成员
            Console.WriteLine( $ "x = {point.x}, y = {point.y}");
        }
    }
}
```

上述代码前面多次介绍过，这里不再赘述，上述代码执行结果如下：

```
x = 0, y = 0
```

8.2.5　保护内部访问级别

微课视频

保护内部访问级别是指对成员的访问限于当前程序集或包含的类及其派生类。下面通
过一个示例介绍保护内部访问级别，该示例读者可以参考 8.2.4 节，在项目中添加 Class1.cs
文件，修改 Class1.cs 代码如下：

```
//8.2.5 保护内部访问级别 - 1
namespace HelloProj
{
    // 声明类
    class Point
    {
        protected internal int x;              //声明保护内部字段 x
        protected internal int y;              //声明保护内部字段 y
    }
}
```

为了测试 Point 类，还需要修改 Program.cs 文件，修改的代码如下：

```
//8.2.5 保护内部访问级别 - 2
namespace HelloProj
{
    // 声明派生类
    class DerivedPoint : Point
```

```
    {
        public void ShowInfo()
        {
            // 继承访问基类 Point 成员
            Console.WriteLine( $ "x = {this.x}, y = {this.y}");
        }
    }

    class MainClass
    {
        static void Main(string[] args)
        {
            DerivedPoint dp = new DerivedPoint();
            dp.ShowInfo();

            // 直接调用 Point 成员
            dp.x = 10; dp.y = 15;                               ①
        }
    }
}
```

上述代码与8.2.3节示例代码类似，区别在于代码第①行直接调用 Point 成员时不会
发生编译错误，这是因为保护内部访问级别可以在当前程序集中访问。

上述代码执行结果如下：

```
x = 0, y = 0
```

微课视频

8.2.6　私有保护访问级别

私有保护访问级别是指对成员的访问限于当前类或当前程序集中包含的类的派生类。
下面通过一个示例介绍私有保护访问级别，该示例读者可以参考 8.2.4 节，在项目中添加
Class1.cs 文件，修改 Class1.cs 代码如下：

```
//8.2.6 私有保护访问级别 - 1
namespace HelloProj
{
    // 声明类
    class Point
    {
        private protected int x;                //声明私有保护字段 x
        private protected int y;                //声明私有保护字段 y
    }
}
```

为了测试 Point 类，还需要修改 Program.cs 文件，修改的代码如下：

```
// 8.2.6 私有保护访问级别 - 2
namespace HelloProj
{
    // 声明派生类
```

```
class DerivedPoint : Point
{
    public void ShowInfo()
    {
        // 相同程序集的派生类可以继承访问基类 Point 成员
        Console.WriteLine($"x = {this.x}, y = {this.y}");                    ①
    }
}

class MainClass
{
    static void Main(string[] args)
    {
        DerivedPoint dp = new DerivedPoint();
        dp.ShowInfo();

        // 直接调用 Point 成员,发生编译错误
        dp.x = 10; dp.y = 15;                                               ②
    }
}
}
```

上述代码与 8.2.3 节示例代码类似,注意代码第①行可以从基类 Point 继承 x 和 y 字段,但代码第②行直接调用则不可以,会发生编译错误。

8.3 多态性

当派生类从基类继承时,它会获得基类的成员,如方法、字段和属性等。若要更改基类的数据和行为,有以下 2 种选择。

(1)使用新的派生类成员替换基类成员。

(2)重写虚拟的基类成员。

下面进行具体介绍。

8.3.1 用新的派生类成员替换基类成员

使用新的派生类成员替换基类成员需要用 new 关键字。如果基类声明了一个方法、字段或属性,则 new 关键字用于在派生类中创建该方法、字段或属性的新定义,new 关键字放置在要替换的类成员的返回类型之前。示例代码例如下:

微课视频

```
//8.3.1 用新的派生类成员替换基类成员
//声明基类
public class BaseClass
{
    public void DoWork()                              // 声明方法              ①
    {
        Console.WriteLine("基类中调用 DoWork...");
    }
```

```
    public int workField = 10;                    // 声明字段
    public int WorkProperty                       // 声明属性
    {
        get { return 20; }
    }                                                                              ②

//声明派生类
public class DerivedClass : BaseClass
{
    public new void DoWork()                      // 替代基类的 DoWork() 方法    ③
    {

        Console.WriteLine("派生类中调用 DoWork…");
    }
    public new int workField = 100;               // 替代基类的 workField 字段
    public new int WorkProperty                   // 替代基类的 WorkProperty 属性
    {
        get { return 200; }
    }
}                                                                                  ④
internal class Program
{
    static void Main(string[] args)
    {
        DerivedClass derivedObj = new DerivedClass();
        derivedObj.DoWork();
        Console.WriteLine("workField:" + derivedObj.workField);
        Console.WriteLine("WorkProperty:" + derivedObj.WorkProperty);
    }
}
}
```

上述代码声明基类 BaseClass，它的 3 个成员见代码第①～②行；另外声明了派生类 DerivedClass，它使用 new 关键字声明 3 个成员替代基类的成员，见代码第③～④行。

上述代码执行结果如下：

```
派生类中调用 DoWork…
workField:100
WorkProperty:200
```

从运行结果可见用派生类的成员替代了基类成员。

8.3.2　重写虚拟的基类成员

如果将基类成员声明为虚拟的（virtual），并使它们在派生类中被重写，则使用 virtual 关键字，它可以声明虚拟成员，但注意字段不能是虚拟的。

示例代码如下：

```
//8.3.2 重写虚拟的基类成员
//声明基类
public class BaseClass
{
```

```
public virtual void DoWork()                    // 声明虚拟方法              ①
{
    Console.WriteLine("基类中调用 DoWork…");
}
public int workField = 10;                       // 声明字段,字段不能是虚拟的
public virtual int WorkProperty                  // 声明虚拟属性              ②
{
    get { return 20; }
}

//声明派生类
public class DerivedClass : BaseClass
{
    public override void DoWork()                // 重写 DoWork()方法          ③
    {
        Console.WriteLine("派生类中调用 DoWork…");
    }

    public override int WorkProperty             // 重写 WorkProperty 属性      ④
    {
        get { return 200; }
    }
}
internal class Program
{
    static void Main(string[] args)
    {
        DerivedClass derivedObj = new DerivedClass();
        derivedObj.DoWork();
        Console.WriteLine("workField:" + derivedObj.workField);
        Console.WriteLine("WorkProperty:" + derivedObj.WorkProperty);

    }
}
```

上述代码第①行声明虚拟方法；代码第②行声明虚拟属性,注意字段不能声明为虚拟的；代码第③行重写 DoWork()方法,注意需要使用 override 关键字；代码第④行重写 WorkProperty 属性,注意需要使用 override 关键字。

上述代码执行结果如下：

```
派生类中调用 DoWork…
workField:10
WorkProperty:200
```

💿提示 无论在派生类和最初声明虚拟成员所在类之间已声明了多少个类,虚拟成员都将永远为虚拟成员,假设类 A 声明了一个虚拟成员,类 B 从类 A 派生,类 C 从类 B 派生,则类 C 继承该虚拟成员,并且可以选择重写它,而不管类 B 是否为该成员声明了重写。

8.4 抽象类、密封类和接口

C♯语言中还有一些非常重要的面向对象内容，其中包括抽象类、密封类和接口等。本节将讨论抽象类、密封类和接口的概念。

为了介绍这些概念，先来看看如图 8-6 所示的类图，图中有一个基类 Shape（几何图形），其中有一个计算面积方法 Area()，基类 Shape 有两个派生类 Square 和 Circle。

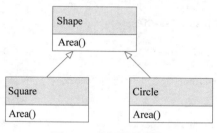

图 8-6　几何图形类图

8.4.1　抽象类

微课视频

如图 8-6 所示的 Shape 类，通常设计为抽象的，这就是抽象类，抽象类是为了给其他类提供一个可以继承的基类，它不能被用于实例化对象。读者可以考虑一下"几何图形"如何计算面积呢？只有具体指定"几何图形"是哪一种，例如正方形，还是圆形后才能进行计算，所以 Shape 类应该设计为抽象类，而 Square（正方形）和 Circle（圆形）则是具体类。

C♯语言中声明抽象类时，需要将 abstract 关键字置于 class 关键字的前面，抽象方法只有声明，没有执行代码。

声明抽象类 Shape 的示例代码如下：

```
// 声明基类 Shape,它是抽象类
public abstract class Shape                          ①
{
    public abstract double Area();        // 声明抽象方法    ②
    // 名字
    private string name;
}
```

上述代码第①行声明抽象类 Shape，注意，使用了 abstract 关键字；代码第②行声明抽象方法 Area()，注意，这也需要使用 abstract 关键字声明，该方法中没有具体实现代码。

派生自抽象类 Shape 的 Square 类的示例代码如下：

```
// 声明派生类 Square
public class Square : Shape                          ①
{
    public Square(double length, string name)
    {
```

```
        this.length = length;
        this.name = name;
    }

    public override double Area()                    // 计算正方形面积      ②
    {
        return this.length * this.length;
    }

    // 名字
    private string name = "Square";
    // 边长
    private double length;
}
```

上述代码第①行声明派生类 Square；代码第②行是实现抽象类的方法 Area()，在该方法中计算正方形面积。

派生自抽象类 Shape 的 Circle 类的示例代码如下：

```
// 声明派生类 Circle
public class Circle : Shape                                           ①
{
    public Circle(double radius, string name)
    {
        this.radius = radius;
        this.name = name;
    }

    public override double Area()                      // 计算圆形面积      ②
    {
        return Math.PI * this.radius * this.radius;
    }

    // 名字
    private string name = "Circle";
    // 半径
    private double radius;
}
```

上述代码第①行声明派生类 Circle；代码第②行是实现抽象类的方法 Area()，在该方法中计算圆形面积。

测试 Shape、Square 和 Circle 类的示例代码如下：

```
internal class Program
{
    static void Main(string[] args)
    {
        Shape shapeA = new Square(4, "Square");          // 创建正方形对象 shapeA      ①
        Shape shapeB = new Circle(7, "Circle");          // 创建圆形对象 shapeB        ②
        double Area1 = shapeA.Area();
```

```
        Console.WriteLine( $ "shapeA 的面积:{Area1}");
        double Area2 = shapeB.Area();
        Console.WriteLine( $ "shapeB 的面积:{Area2}");       // 没有格式化
        Console.WriteLine( $ "shapeB 的面积:{Area2:f2}"); // f2 表示保留小数后 2 位    ③
    }
}
```

上述代码第①行创建正方形对象 shapeA，声明 shapeA 对象的数据类型是 Shape 类型；代码第②行创建圆形对象 shapeB；代码第③行格式化输出字符串，其中 f2 表示保留小数后 2 位。

上述代码执行结果如下：

```
shapeA 的面积:16
shapeB 的面积:153.93804002589985
shapeB 的面积:153.94
```

有关抽象类的相关问题归纳总结如下：

（1）抽象类的用途是提供多个派生类可共享的基类。

（2）抽象类不能实例化。

（3）抽象类有些方法是抽象的，而有些方法是具体的。

（4）抽象方法必须在非抽象的派生类中重写。

（5）如果一个类包含抽象方法，该类也必须是抽象的。

8.4.2　密封类

微课视频

有时出于商业安全的角度，一个类不希望有派生类重写它，那么可以将这种类声明为密封类，它与抽象类恰恰相反，抽象类就是为派生类而设计的，而密封类不希望被派生。

密封类使用 sealed 关键字修饰，声明密封类时将 sealed 关键字置于 class 关键字的前面，示例代码如下：

```
//8.4.2 密封类

//声明密封类
sealed class SealedClass                              ①
{
    // 声明方法
    public int Add( int a, int b)
    {
        return a + b;
    }
}

//声明密封类的派生类会发生编译错误
sealed class Test : SealedClass                       ②
{
}
```

上述代码第①行声明一个密封类，注意 sealed 关键字的位置；代码第②行试图派生密封类，则会发生编译错误。

💡提示　密封类不能用作基类，不能被继承，因此它不能是抽象类。

8.4.3　接口

微课视频

抽象类中有些成员是抽象的，而有些成员是具体的，如果想设计得更加抽象，则可以设计成接口。

接口可以声明方法、属性和事件等成员，但是需要注意的是。

（1）接口不能包含字段。

（2）接口成员一定是公有的。

（3）一个类只能派生自一个基类，但一个类却是可以派生自多个接口。

如图 8-6 所示的类图中，几何图形类应该设计为接口，示例代码如下：

```
// 声明接口
interface IShape                                    ①
{
    double Area();              // 声明抽象方法      ②
}
```

上述代码第①行使用 interface 关键字声明几何图形接口，根据命名规范，接口通常使用字母 I 开头，所以本例几何图形接口命名为 IShape；代码第②行声明抽象方法，在接口中的方法都是抽象的，不需要使用 abstract 关键字声明。

实现接口语法与从基类派生一样，都是使用冒号(:)，示例代码如下：

```
// 声明类 Square 实现接口 IShape
public class Square : IShape                         ①
{
    public Square(double length, string name)
    {
        this.length = length;
        this.name = name;
    }

    // 实现接口中声明的方法
    public double Area()                             ②
    {
        return this.length * this.length;
    }

    // 名字
    private string name = "Square";
    // 边长
    private double length;
}
```

　　上述代码第①行声明类 Square 实现接口 IShape；代码第②行实现了 IShape 接口中声明的方法，它是一个抽象方法。

　　另外，一个类可以派生多个接口，多个接口之间用逗号（,）分隔，并且需要实现它们中的所有抽象成员。

　　示例代码如下：

```csharp
// 声明类 Circle 实现 IShape 和 IComparable 接口
public class Circle : IShape, IComparable                    ①
{
    public Circle(double radius, string name)
    {
        this.radius = radius;
        this.name = name;
    }

    // 实现 IShape 接口中声明的方法
    public double Area()                    // 计算圆形面积    ②
    {
        return Math.PI * this.radius * this.radius;
    }

    // 实现 IComparable 接口中声明的方法
    public int CompareTo(object obj)                          ③
    {
        return 0;
    }

    // 名字
    private string name = "Circle";
    // 半径
    private double radius;
}
```

　　上述代码第①行声明 IShape 和 IComparable 2 个接口，当有多个接口用逗号分隔开；代码第②行实现 IShape 接口中声明的方法；代码第③行实现 IComparable 接口中声明的方法。IComparable 接口是 C♯语言提供的 1 个接口，有关该接口，读者先不用考虑它的用途等细节。

微课视频

8.5　结构

　　经过全面的学习，读者会发现面向对象还是比较复杂的，但有时需求比较简单，不需要复杂的继承、封装和多态，而只需要简单的一个类型，有一些简单的成员就可以满足用户需求了，那么此时可以使用结构，结构类似类，但是要比类简单。例如用户想开发一个网站，其中涉及描述图片信息，那么可以设计一个图片（Image）结构，它有两个数据成员：宽度（Width）和高度（Height），声明 Image 结构的示例代码如下：

```
//8.5 结构

// 声明结构
struct Image                                              ①
{
    public double Width;                                  ②
    public double Height;                                 ③

    public Image(double w, double h)                      ④
    {
        Width = w;
        Height = h;
    }

    public string GetInfo()                               ⑤
    {
        return string.Format( $ "图片宽度:{Width},高度:{Height}");   ⑥
    }
}

internal class Program
{
    static void Main(string[ ] args)
    {
        Image image = new Image(800,600);                 ⑦
        Console.WriteLine( image.GetInfo());
    }
}
```

　　上述代码第①行使用 struct 声明结构 Image；代码第②行和第③行声明字段；代码第④行是结构 Image 的构造方法；代码第⑤行是声明结构 Image 的方法，在该方法中代码第⑥行是通过字符串的 Format()方法格式化字符串，该方法的字符串格式化类似于 Console. WriteLine()方法，这里不再赘述；代码第⑦行创建 Image 结构实例 image。

　　结构的特点归纳如下：

　　(1) 结构是值类型，而类是引用类型。

　　(2) 结构可以声明构造方法，但它们必须带参数。

　　(3) 一个结构不能从另一个结构或类派生，而且不能作为一个类的基类。

8.6　动手练一练

1. 选择题

(1) 下列哪些说法是正确的？(　　　)

　　A. C♯语言只允许单一继承

　　B. C♯语言只允许实现一个接口

　　C. C♯语言不允许同时继承一个类并实现一个接口

D. C♯语言的单一继承使得代码更加可靠

（2）现在有两个类：Person 与 Chinese，Chinese 试图继承 Person 类，如下项目中哪个是正确的写法？（　　）

A. class Chinese：Person{}

B. class extends：Person{}

C. class Chinese：Base{}

D. class Person：Chinese{}

（3）如下代码中，哪些行将引起编译错误？（　　）

```
1) class Parent {
2)     private String name;
3)     public Parent(){}
4) }
5) public class Child :Parent {
6)     private String department;
7)     public Child() {}
8)     public String getValue(){ return name; }
9)     public static void main(String arg[]) {
10)         Parent p = new Parent();
11)     }
12) }
```

A. 第5)行　　　　　　　　　　B. 第6)行

C. 第7)行　　　　　　　　　　D. 第8)行

（4）如下代码，哪些方法可加入类 Child 中？（　　）

```
public class Parent {
    void change() {}
}
class Child : Parent { }
```

A. public int change(){}　　　　　B. int change(int i){}

C. private int change(){}　　　　　D. abstract int change(){}

2. 判断题

若一个类声明为密封类，则它不能被派生。（　　）

第 9 章

委托、匿名方法和 Lambda 表达式

委托、匿名方法和 Lambda 表达式是 C♯ 语言比较重要的主题,而且它们相互关联,本章着重介绍这些主题。

9.1 委托

委托(delegate)类似于 C 语言或 C++ 语言中函数的指针,委托保存了对某个方法的引用,如图 9-1 所示,调用者可以通过委托对象,调用一个方法,委托适用于图形界面编程的事件处理,用以回调方法。

图 9-1 委托

9.1.1　声明委托

声明委托的语法格式如下：

[方法修饰符] delegate [返回值类型] [委托名] ([参数列表]);

注意中括号"[]"中的内容可以省略，delegate 是关键字。

例如笔者设计了两个方法，代码如下：

```
// 加法方法
static int Add(int a, int b)
{
    return a + b;

}
// 减法方法
static int Sub(int a, int b)
{
    return a - b;

}
```

这两个方法具有相同的参数列表和返回值，笔者设计了一个委托，通过委托调用这两个方法，示例代码如下。

```
//9.1.1 声明委托
public delegate int Calculable(int x, int y);              // 声明委托        ①

internal class Program
{

    static void Main(string[] args)
    {
        int m = 10;
        int n = 5;
        // 创建委托对象 f1
        Calculable f1 = new Calculable(Add);                              ②
        Console.WriteLine( $ "{m} + {n} = {f1(m, n)}");                    ③

        // 创建委托对象 f2
        Calculable f2 = new Calculable(Sub);                              ④
        Console.WriteLine( $ "{m} - {n} = {f2(m, n)}");                    ⑤

    }
    // 加法方法
    static int Add(int a, int b)
    {
        return a + b;
```

```
    }
    // 减法方法
    static int Sub( int a, int b)
    {
        return a - b;

    }
}
```

上述代码第①行声明委托 Calculable,它的参数列表与方法 Add()和方法 Sub()参数列表及返回值类型相同。

代码第②行创建委托对象 f1,它的参数是要调用的方法,代码第③行表达式 f1(m,n)是调用委托引用的方法。

代码第④行创建委托对象 f2,它的参数是要调用的方法,代码第⑤行表达式 f2(m,n)是调用委托引用的方法。

示例代码运行结果如下:

```
10 + 5 = 15
10 - 5 = 5
```

9.1.2 调用实例方法

9.1.1 节示例是通过委托调用静态方法,但是有些方法是实例方法,例如下面的两个实例方法:

```
// 加法方法
int Add( int a, int b)
{
    return a + b;

}
// 减法方法
int Sub( int a, int b)
{
    return a - b;

}
```

事实上,通过委托调用方法,与要调用的方法是实例方法还是静态方法无关,委托只与要调用的方法的参数列表和返回值有关。

所以调用上述两个实例方法完全可以使用 9.1.1 节示例代码中的委托 Calculable,完整的示例代码如下:

```
//9.1.2 调用实例方法
public delegate int Calculable( int x, int y );              // 声明委托

internal class Program
```

```
{
    static void Main(string[] args)
    {
        int m = 10;
        int n = 5;

        Program program = new Program();

        // 创建委托对象 f1
        Calculable f1 = new Calculable(program.Add);              ①

        Console.WriteLine( $ "{m} + {n} = {f1(m, n)}");

        // 创建委托对象 f2
        Calculable f2 = new Calculable(program.Sub);              ②
        Console.WriteLine( $ "{m} - {n} = {f2(m, n)}");


    }
    // 加法方法
    int Add(int a, int b)
    {
        return a + b;

    }
    // 减法方法
    int Sub(int a, int b)
    {
        return a - b;

    }
}
```

上述代码第①行创建委托对象 f1，其中的参数 program. Add 是指定实例方法，program 是当前类的实例。

上述代码第②行创建委托对象 f2，其中的参数 program. Sub 是指定实例方法。

示例代码运行结果如下：

```
10 + 5 = 15
10 - 5 = 5
```

微课视频

9.2 匿名方法

顾名思义，匿名方法就是没有名字的方法。C♯语言中的匿名方法可以使用 delegate 关键字定义。

9.1.1 节示例也可以使用匿名方法实现，代码如下：

```
//9.2 匿名方法

public delegate int Calculable( int x, int y);            // 声明委托    ①

internal class Program
{

    static void Main( string[ ] args)
    {
        //创建委托对象 f1
        Calculable f1 = delegate (int a, int b)          // 匿名方法     ②
        {
            return a + b;
        };

        //创建委托对象 f2
        Calculable f2 = delegate (int a, int b)          // 匿名方法
        {
            return a - b;
        };

        int m = 10;
        int n = 5;
        Console.WriteLine( $ "{m} + {n} = {f1(m, n)}");
        Console.WriteLine( $ "{m} - {n} = {f2(m, n)}");


    }
}
```

上述代码第①行声明委托 Calculable。

代码第②行创建委托对象 f1,不应该使用 new 运算符调用委托 Calculable 的构造方法,而是使用 delegate 关键字声明匿名方法,delegate 后面的方法,如图 9-2 所示虚线中方法就是匿名方法。

```
//创建委托对象f1
Calculable f1 = delegate (int a, int b)
{
    return a - b;
};
```

图 9-2　匿名方法

示例代码运行结果如下:

```
10 + 5 = 15
10 - 5 = 5
```

9.3　Lambda 表达式

Lambda 表达式可以代替匿名方法,它有两种形式:表达式 lambda 和语句 Lambda。

微课视频

9.3.1　表达式 Lambda

表达式 Lambda 主体中有一个表达式，它的语法格式如下：

```
(parameters) => expression
```

parameters 是参数列表；“ =>”是 Lambda 运算符；expression 是表达式。

9.1.1 节示例也可以使用表达式 Lambda 实现，代码如下：

```
// 9.3.1 表达式 Lambda

public delegate int Calculable(int x, int y);            // 声明委托

internal class Program
{

    static void Main(string[] args)
    {
        //创建委托对象 f1
        Calculable f1 = (a, b) => a + b;                     ①
        //创建委托对象 f2
        Calculable f2 = (a, b) => a - b;                     ②

        int m = 10;
        int n = 5;
        Console.WriteLine( $ "{m} + {n} = {f1(m, n)}");
        Console.WriteLine( $ "{m} - {n} = {f2(m, n)}");

    }
}
```

上述代码第①行创建委托对象 f1，不过是用表达式 Lambda 创建；代码第②行创建委托对象 f2。

示例代码运行结果如下：

```
10 + 5 = 15
10 - 5 = 5
```

9.3.2　语句 Lambda

语句 Lambda 主体中有一个语句块，即代码放到一对大括号中“{…}”，语句 Lambda 语法格式如下：

```
(parameters) => { statements; }
```

parameters 是参数列表；“ =>”是 Lambda 运算符；statements 是语句块，可以包括多条语句，一般包含 2~3 条语句。

9.1.1 节示例也可以使用语句 Lambda 实现，代码如下：

微课视频

```
//9.3.2 语句 Lambda

public delegate int Calculable(int x, int y);                    // 声明委托

internal class Program
{

    static void Main(string[] args)
    {
        //创建委托对象 f1
        Calculable f1 = (a, b) =>                                 ①
        {
            var result = a + b;
            return result;
        };

        //创建委托对象 f2
        Calculable f2 = (a, b) =>                                 ②
        {
            var result = a - b;
            return result;
        };

        int m = 10;
        int n = 5;
        Console.WriteLine( $ "{m} + {n} = {f1(m, n)}");
        Console.WriteLine( $ "{m} - {n} = {f2(m, n)}");

    }
}
```

上述代码第①行创建委托对象 f1,不过是用语句 Lambda 创建;代码第②行创建委托
对象 f2。

示例代码运行结果如下:

```
10 + 5 = 15
10 - 5 = 5
```

9.3.3　使用 Func 委托

无论使用匿名方法还是 Lambda 表达式,都要先声明一个委托,这样使用起来比较麻
烦,.NET 提供了 Func 委托,它带有泛型,有关泛型将在 11.2 节介绍,无参数 Func 委托声
明如下:

微课视频

　Func < TResult > 委托

其中,TResult 是指定返回值的类型,带有参数的 Func 委托声明如下:

　Func < T1,...TN,TResult > 委托

其中,T1~TN 是对应参数的数据类型,TResult 是指定返回值的类型。

下面通过一个例子熟悉 Func 委托的使用,具体代码如下:

```
//9.3.3 使用 Func 委托

internal class Program
{

    static void Main(string[] args)
    {
        // 1个参数 Func 委托
        Func < int, int > Square = x => x * x;              ①
        // 2个参数 Func 委托
        Func < int, int, int > AddF = (a, b) => a + b;      ②
        // 2个参数 Func 委托
        Func < int, int, int > SubF = (a, b) => a - b;      ③

        int m = 10;
        int n = 5;
        Console.WriteLine( $ "{m} + {n} = {AddF(m, n)}");
        Console.WriteLine( $ "{m} - {n} = {SubF(m, n)}");
        Console.WriteLine( $ "{m}的平方 = {Square(m)}");
    }
}
```

上述代码第①行实现了 1 个整数平方计算的委托,它有 1 个参数。

上述代码第②行实现了 2 个整数之和计算的委托,它有 2 个参数。Func < int,int,int > 泛型类型很多,说明如图 9-3 所示。

上述代码第③行实现了 2 个整数之差计算的委托,它有 2 个参数。

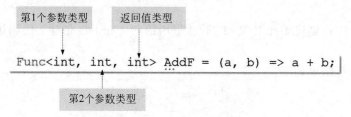

图 9-3　泛型类型说明

示例代码运行结果如下:

```
10 + 5 = 15
10 - 5 = 5
10 的平方 = 100
```

9.4　动手练一练

1. 选择题

(1) 声明委托使用的关键字是(　　)。

  A．delegate   B．Lambda

  C．Func   D．Tresult

（2）定义匿名方法使用的关键字是（   ）。

  A．delegate   B．Lambda

  C．Func   D．Tresult

2．判断题

（1）Lambda 表达式可以代替匿名方法。（   ）

（2）表达式 Lambda 主体中有一个语句块。（   ）

第 10 章

.NET 常用类

　　读者在前几章的学习过程中已经了解了一些基础类,如 string 和 object 类,这些类在 .NET 中都有对应的类,即 String 和 Object,本章介绍 .NET 中几个重要的类——Object、String 和 StringBuilder。

10.1　Object 类

　　.NET 中 Object 类对应 C♯ 语言中的 object 类,它的常用方法如下:

　　(1) Equal()方法:比较对象是否相等。

　　(2) Finalize()方法:自动回收对象之前执行的方法。

　　(3) ToString()方法:生成描述类实例的字符串。

　　(4) GetHashCode()方法:生成一个与对象的值相对应的哈希代码。

　　下面重点介绍 Equals()方法和 ToStrings()方法。

10.1.1 Equals()方法

Equals()方法用于比较两个对象是否相等,它默认仅支持引用相等,但派生类可重写此方法以支持值相等。引用相等是说,对于任何引用值 X 和 Y,当且仅当 X 和 Y 指向同一对象时,它们才相等返回 true,事实上很多情况下比较两个对象都不是指引用相等,而是指它们的某些属性相等,即值相等。

下面的示例定义一个派生自 Object 类的 Person 类型,然后重写 Object 类的 Equals()方法:

```
//声明 Person 类型
class Person
{
    private string name;                    //声明 name 字段
    string Name                             //声明 Name 属性
    {
        get { return name; }
        set { name = value; }
    }

    private int age;                        //声明 age 字段
    public int Age                          //声明 Age 属性
    {
        get { return age; }
        set { age = value; }
    }

    public Person(string name, int age)
    {
        this.name = name;
        this.age = age;
    }
    // 重写 Equals()方法
    public override bool Equals(object obj)              ①
    {
        {
            // 判断两个对象数据类型是否相同
            if (obj.GetType() != this.GetType()) return false;      ②

            //比较两个对象的 Age 属性是否相等
            Person other = (Person)obj;                 ③
            return this.Age == other.Age;               ④
        }
    }
}
```

上述代码第①行重写 Equals()方法,该方法的参数 obj 是要比较的对象;代码第②行判断两个对象的数据类型是否相同,因为只有类型相同才能比较;代码第③行将参数 obj 转换为 Person 类型,如果参数 obj 不是 Person 类型则会发生异常,也是第②行判断两个对象数据类型是否相同的原因；代码第④行比较参数的 Age 属性与当前对象的 Age 属性是否相同。

测试 Person 类型示例代码如下：

```
internal class Program
{
    static void Main(string[] args)
    {
        Person p1 = new Person("Tom", 20);            // 创建对象 p1
        Person p2 = new Person("Tony", 20);           // 创建对象 p2
        Console.WriteLine("p1.Equals(p2) : {0}", p1.Equals(p2));

    }
}
```

上述代码创建了两个 Person 类型的对象，即 p1 和 p2，它们有相同的 Age 属性，因此对象 p1 和 p2 是相等的。

上述代码执行结果如下：

```
p1.Equals(p2) : True
```

微课视频

10.1.2　ToString()方法

ToString()方法是 Object 类中定义的另一个重要方法，该方法的返回值是 string 类型，用于描述当前对象的有关信息，可以在派生类中重写该方法，以返回更适用的信息。

重写 ToString()方法的示例代码如下：

```
class Person
{
    private string name;                    //声明 name 字段
    string Name                             //声明 Name 属性
    {
        get { return name; }
        set { name = value; }
    }

    private int age;                        //声明 age 字段
    public int Age                          //声明 Age 属性
    {
        get { return age; }
        set { age = value; }
    }

    public override string ToString()                               ①
    {
        return string.Format("姓名:{0},年龄:{1}", name, age);        ②
    }
}
```

```
        public Person(string name, int age)
        {
            this.name = name;
            this.age = age;
        }
        // 重写 Equals() 方法
        public override bool Equals(object obj)
        {
            {
                // 判断两个对象数据类型是否相同
                if (obj.GetType() != this.GetType()) return false;

                //比较两个对象的 Age 属性是否相等
                Person other = (Person)obj;
                return this.Age == other.Age;
            }
        }

        internal class Program
        {
            static void Main(string[] args)
            {
                Person p1 = new Person("Tom", 20);      // 创建对象 p1
                Person p2 = new Person("Tony", 20);     // 创建对象 p2
                Console.WriteLine(p1);                            ③
                Console.WriteLine(p2);                            ④
            }
        }

    }
```

上述代码第①行重写 ToString() 方法, 代码第②行返回当前字符串的描述, 注意这里使用了字符串格式化处理。

代码第③行打印输出对象 p1, 这时会调用对象 p1 的 ToString() 方法, 类似代码第④行打印输出对象 p2, 这时会调用对象 p2 的 ToString() 方法。

上述代码执行结果如下。

```
姓名:Tom,年龄:20
姓名:Tony,年龄:20
```

10.2　String 类

String 类是最常用的一种 .NET 引用类型, String 类对象保存不可修改的字符串, C♯ 语言中与之对应的数据类型是 string, string 类型前面已经多次用到了, 这里不再赘述。

10.2.1　比较字符串

字符串比较相关方法有: Equals、EndsWith 和 StartsWith 等, 下面分别介绍。

微课视频

（1）Equals(s1)方法，判断此字符串实例是否与字符串 s1 具有相同的值，如果值相同，则为 true；否则为 false。

（2）EndsWith（string value）方法，判断此字符串实例的结尾是否有指定的字符串 value 值。

（3）StartsWith（string value）方法，判断此字符串实例的开头是否有指定的字符串 value 值。

使用这几个方法的示例代码如下：

```
//10.2.1 比较字符串

internal class Program
{
    static void Main(string[] args)
    {

        String s1 = new String("Hello World");      // 通过 new 运算符创建字符串对象 s1
        String s2 = "Hello World";                   // 创建字符串对象 s2

        // 比较字符串内容是否相同
        Console.WriteLine(("s1.equals(s2) : " + s1.Equals(s2)));          ①

        String s3 = "Program.cs";          // 文件名
        Console.WriteLine("是否是 C# 源代码文件?" + s3.EndsWith(".cs"));   ②

        String s4 = "张三";                // 人名
        Console.WriteLine("是否姓张?" + s4.StartsWith("张"));              ③
    }
}
```

上述代码第①行使用 Equals()方法比较 s1 和 s2 两个字符串对象内容是否相同。

代码第②行判断输入的文件名是否以".cs"结尾。

代码第③行判断输入的人名是否以"张"开头。

上述代码执行结果如下：

```
s1.equals(s2) : True
是否是 C# 源代码文件?True
是否姓张?True
```

10.2.2　字符串查找

在给定的字符串中查找字符或字符串是比较常见的操作。在 String 类中提供了 IndexOf()方法和 LastIndexOf()方法用于查找字符或字符串，返回值是查找的字符或字符串所在的位置，-1 表示没有找到。

1. IndexOf()方法

IndexOf()方法是从前往后查找字符串，该方法有多个重载版本，重点介绍以下几个重

微课视频

载方法。

（1）int IndexOf(char value)：从前往后搜索字符 value，返回第一次找到字符 value 所在处的索引。

（2）int IndexOf(char value,int startIndex)：从指定索引 startIndex 开始，从前往后搜索字符 value，返回第一次找到字符 value 所在处的索引。

（3）int IndexOf(string value)：从前往后搜索字符串 value，返回第一次找到字符串 value 所在处的索引。

（4）int IndexOf(string value,int startIndex)：从指定索引 startIndex 开始，从前往后搜索字符串 value，返回第一次找到字符串 value 所在处的索引。

2．LastIndexOf()方法

LastIndexOf()方法从后往前查找字符串，该方法有多个重载版本，重点介绍以下几个重载方法。

（1）int LastIndexOf(char value)：从后往前搜索字符 value，返回第一次找到字符 value 所在处的索引。

（2）int LastIndexOf(char value,int startIndex)：从指定索引 startIndex 开始，从后往前搜索字符 value，返回第一次找到字符 value 所在处的索引。

（3）int LastIndexOf(string value)：从后往前搜索字符串 value，返回第一次找到字符串 value 所在处的索引。

（4）intLastIndexOf(string value,int startIndex)：从指定索引 startIndex 开始，从后往前搜索字符串 value，返回第一次找到字符串 value 所在处的索引。

使用这几个方法的示例代码如下：

```
//10.2.2 字符串查找

internal class Program
{
    static void Main(string[] args)
    {
        // 声明元素字符串
        String str = "Hello World! 世界你好,世界你好!";
        int len = str.Length;                        //获得字符串长度      ①
        Console.WriteLine("str 字符串长度:" + len);

        int firstChar1 = str.IndexOf('l');           //2
        int lastChar1 = str.LastIndexOf('l');        //9
        int firstStr1 = str.IndexOf("World");        //6
        int lastStr1 = str.LastIndexOf("World");     //6
        int firstStr2 = str.IndexOf("世界", 5);      //13
        int lastStr2 = str.LastIndexOf("世界", 5);   // - 1        ②
    }
}
```

上述代码第①行获得字符串长度 Length 是字符串的属性，str 字符串索引如图 10-1 所

示；重点解释代码第②行，由于没有找到目标字符串，所以返回值为−1，它是从索引为 5 的
位置从后往前查找，结果没有找到。

索引	0	1	2	3	4	5	6	7	8	9	10	11	12	13	14	15	16	17	18	19	20	21	22
字符串	H	e	l	l	o		W	o	r	l	d	!		世	界	你	好	，	世	界	你	好	！

图 10-1　str 字符串索引

上述代码执行结果如下：

str 字符串长度:23

10.2.3　字符串截取

字符串截取使用 Substring()方法，它有多个重载版本，下面是几个常用的方法。

（1）string Substring(int startIndex)：从指定的 startIndex 位置开始截取子字符串，直
到字符串尾部。

（2）string Substring(int startIndex,int length)：从指定的 startIndex 位置开始截取
length 长度的子字符串。

使用 Substring()方法的示例代码如下：

```
// 10.2.3 字符串截取

internal class Program
{
    static void Main(string[] args)
    {
        // 声明字符串
        String str = "Hello World! 世界你好,世界你好!";
        int len = str.Length;              //获得字符串长度
        Console.WriteLine("str 字符串长度:" + len);

        // 截取子字符串
        // 截取 str 从索引 12 直到字符串结尾
        String subStr1 = str.Substring(12);
        Console.WriteLine("subStr1:" + subStr1);
        // 从索引 6 开始截取长度为 5 的子字符串 subStr2
        String subStr2 = subStr1.Substring(6, 5);
        Console.WriteLine("subStr2:" + subStr2);

    }
}
```

上述代码执行结果如下：

str 字符串长度:23
subStr1:世界你好,世界你好!
subStr2:世界你好!

10.2.4　字符串分隔

微课视频

字符串分隔使用 Split()方法,可以按照特定字符分隔字符串,返回包含子字符串的 String 数组,该方法也有多个重载版本,下面是几个常用的方法。

(1) Split(separator Char[]):参数 separator 是分隔字符的数组,返回值是 String[], 即字符串数组。

(2) Split(separator Char[],count):参数 separator 是分隔字符的数组,参数 count 设置要返回的子字符串的最大数量,返回值是字符串数组。

使用 Split()方法的示例代码如下:

```
// 10.2.4 字符串分隔

internal class Program
{
    static void Main(string[] args)
    {
        // 声明字符串
        String text = "AB CD|EF";
        Char[] separator = { ' ', '|' };
        String[] strlist = text.Split(separator);      // 使用' '或'|'字符分隔字符串

        Console.WriteLine("第 1 次分隔!");
        //遍历结果
        foreach (String s in strlist)
        {
            Console.WriteLine(s);
        }

        strlist = text.Split(separator, 2);    // 使用' '或'|'字符分隔字符串,设置分隔 2 次
        Console.WriteLine("第 2 次分隔!");
        //遍历结果
        foreach (String s in strlist)
        {
            Console.WriteLine(s);
        }
    }
}
```

上述代码执行结果如下:

```
第 1 次分隔!
AB
CD
EF
第 2 次分隔!
AB
CD|EF
```

10.2.5 删除空白

在处理字符串时常常需要删除字符串中的前后空白(空格和换行符等)，删除空白的方法主要有如下几种：

(1) Trim()：删除字符串所有开头和结尾的空白字符。

(2) TrimStart()：删除字符串所有开头的空白字符。

(3) TrimEnd()：删除字符串所有结尾的空白字符。

删除空白的示例代码如下：

```
// 10.2.5 删除空白

internal class Program
{
    static void Main(string[] args)
    {
        // 声明字符串
        String text = "  AB CD|EF ";                        ①
        String str1 = text.Trim();                // 删除字符串前后空白
        Console.WriteLine("\"{0}\"", str1);
        String str2 = text.TrimStart();           // 删除字符串开头的空白
        Console.WriteLine("\"{0}\"", str2);
        String str3 = text.TrimEnd();             // 删除字符串结尾的空白
        Console.WriteLine("\"{0}\"", str3);
    }
}
```

上述代码第①行准备了一个测试字符串，注意，该字符串开头的空白是 2 个制表符，结尾是 2 个空格符。

上述代码执行结果如下：

```
"AB CD|EF"
"AB CD|EF "
"    AB CD|EF"
```

10.2.6 填充字符

有时候需要为字符串填充一些字符，实现填充字符的方法主要有 PadLeft() 和 PadRight()。下面分别介绍。

1. PadLeft()方法

PadLeft()方法是在字符串左侧填充字符，该方法有两个重载方法，这两个重载方法如下。

(1) string PadLeft(int totalWidth)：在字符串的左侧填充空格，totalWidth 参数指定填充后的字符串总长度，从而实现右对齐。

(2) string PadLeft(int totalWidth，char paddingChar)：在字符串的左侧填充

paddingChar 字符,totalWidth 参数指定填充后的字符串总长度。

2. PadRight()方法

PadRight()方法是在字符串右侧填充字符,该方法有两个重载方法,这两个重载方法如下。

(1) string PadRight(int totalWidth):在字符串的右侧填充空格,totalWidth 参数指定填充后的字符串总长度,从而实现左对齐。

(2) string PadRight (int totalWidth,char paddingChar):在字符串的右侧填充 paddingChar 字符,totalWidth 参数指定填充后的字符串总长度。

使用 PadLeft()方法和 PadRight()方法的示例代码如下:

```
// 10.2.6 填充字符

internal class Program
{
    static void Main(string[] args)
    {
        // 声明字符串
        string str1 = "Hello";
        char pad = '*';
        Console.WriteLine("String : " + str1);
        Console.WriteLine("\"{0}\"", str1.PadLeft(20));          ①
        Console.WriteLine("\"{0}\"", str1.PadLeft(20, pad));     ②

        Console.WriteLine("\"{0}\"", str1.PadRight(20));         ③
        Console.WriteLine("\"{0}\"", str1.PadRight(20, pad));    ④

    }
}
```

上述代码第①行中表达式 str1.PadLeft(20)在字符串左侧填充空格,代码第②行中表达式 str1.PadLeft(20,pad)在字符串左侧填充 * 字符。

上述代码第③行中表达式 str1.PadRight(20)在字符串右侧填充空格,代码第④行中表达式 str1.PadRight(20,pad)在字符串右侧填充 * 字符。

上述代码执行结果如下:

```
String : Hello
"               Hello"
"***************Hello"
"Hello               "
"Hello***************"
```

10.3 StringBuilder 类

String 被称为不可变字符串,因为在字符串操作时(例如在字符串拼接时),不是在源字符串对象本身上修改其内容，而是生成一个新的字符串对象，见如下代码：

```
String str1 = "Hello";              // 声明字符串
String str2 = str1 + "World";       // 创建新的字符串对象
```

如果使用 String 对象进行大量的字符串拼接时，则会产生许多字符串对象，这样会占用大量内存，针对此情况可以使用可变字符串类——StringBuilder。

使用 StringBuilder 类可以实现字符串的追加、删除和替换等操作，这些操作都是在源字符串中进行，不会创建新的对象。注意，StringBuilder 类不能被继承。

微课视频

10.3.1　创建可变字符串

在使用可变字符串对象时，会调用 StringBuilder 构造方法来初始化对象，那么 StringBuilder 构造方法主要有如下 2 个。

（1）StringBuilder()方法：将字符串值设置为空值（String. Empty）。

（2）StringBuilder(String s)方法：将字符串值设置为 s。

示例代码如下：

```
// 10.3.1 创建可变字符串

using System.Text;                              // 引入命名空间

internal class Program
{
    static void Main(string[] args)
    {
        String str1 = "Hello";                          // 声明字符串
        StringBuilder sb1 = new StringBuilder();        // 创建一个空的 StringBuilder 对象
        Console.WriteLine(sb1);
        StringBuilder sb2 = new StringBuilder(str1);    // 创建 StringBuilder 对象
        Console.WriteLine(sb2);
    }
}
```

上述代码比较简单，这里不再赘述。

微课视频

10.3.2　可变字符串的修改

可变字符串的修改包括字符串追加、插入、替换和删除等操作。下面分别介绍。

1. 字符串追加

StringBuilder 类的字符串追加方法是 Append()，它的语法格式如下：

```
StringBuilder. Append(value)
```

该方法有很多重载版本，参数 value 是多种不同类型数据，注意，该方法返回值仍然是 StringBuilder 类对象本身，所以使用 Append()方法可以连续调用，示例代码如下。

```
StringBuilder sb = new StringBuilder();          // 创建 StringBuilder 类对象     ①
```

```
//追加字符串
sb.Append("Hi,").Append(" ").Append("C#").Append(" ").Append(6666).Append(" ").Append("C++").
Append(" ").Append(100.5);                                                    ②
Console.WriteLine(sb);
```

上述代码第①行创建一个空的 StringBuilder 类对象；代码第②行通过 Append()方法追加多个字符串(没有多次调用该方法)，然后将各种不同的类型数据转换为字符串，最后拼接起来。

上述代码执行结果如下：

```
Hi, C# 6666 C++100.5
```

2. 字符串插入

StringBuilder 类的字符串插入方法是 Insert()，它的语法格式如下：

```
StringBuilder.Insert(int index, value)
```

该方法有很多重载版本，其中，参数 index 是要插入位置的索引；参数 value 是要插入的多种不同类型数据。注意，该方法返回值仍然是 StringBuilder 类对象本身，示例代码如下：

```
String str = "C#";
sb = new StringBuilder(str);                // 创建 StringBuilder 类对象
sb.Insert(2, " C++");                       // 插入字符串                  ①
Console.WriteLine(sb);
// 具有追加效果的插入字符串
sb.Insert(str.Length, " Java");                                             ②
Console.WriteLine(sb);
```

上述代码第①行是在字符串 str 索引为 2 的位置插入字符串；代码第②行是在 str 字符串尾部插入字符串，效果与字符串追加一样。

上述代码执行结果如下：

```
C# C++
C# Java C++
```

3. 字符串替换

StringBuilder 类的字符串替换方法是 Replace()，该方法也有很多重载版本。下面重点介绍如下 2 个重载方法。

(1) StringBuilder.Replace(char oldChar,char newChar)：参数 oldChar 是要被替换的旧字符；参数 newChar 是要替换的新字符。

(2) StringBuilder.Replace(String oldValue,String newValue)：参数 oldValue 是要被替换的旧字符串，参数 newValue 是要替换的新字符串。

字符串替换的示例代码如下：

```
sb = new StringBuilder("hello world! hello world!");    // 创建 StringBuilder 类对象
sb.Replace("hello", "你好").Replace("world", "世界");       ①
Console.WriteLine(sb);
```

```
sb.Replace('你', '您');                                            ②
Console.WriteLine(sb);
```

上述代码第①行使用字符串替换，其中连续两次调用 Replace() 方法进行替换；代码第②行使用字符替换。

上述代码执行结果如下：

```
你好 世界! 你好 世界!
您好 世界! 您好 世界!
```

4. 字符串删除

StringBuilder 类的字符串删除方法是 Remove()，它的语法格式如下：

```
StringBuilder Remove (int startIndex, int length)
```

其中，参数 startIndex 是要删除字符串的开始位置的索引；参数 length 是要删除的字符数。

示例代码如下：

```
sb = new StringBuilder("hello world! hello world!");    // 创建 StringBuilder 类对象
sb.Remove(5, 7);                                         // 删除 world! 字符串            ①
Console.WriteLine(sb);
```

上述代码第①行删除 world! 字符串，代码执行结果如下：

```
hello hello world!
```

10.4 动手练一练

选择题

（1）下列选项中哪些是 Object 类中的方法？（   ）

    A. Equal()   B. ToString()

    C. Finalize()   D. equal()

    E. toString()

（2）下列选项中哪些是字符串比较方法？（   ）

    A. Equal()   B. EndsWith()

    C. StartsWith()   D. LastIndexOf()

（3）下列选项中哪些是字符串查找方法？（   ）

    A. IndexOf()   B. EndsWith()

    C. StartsWith()   D. LastIndexOf()

（4）下列选项中哪些是字符串截取方法？（   ）

    A. Split()   B. EndsWith()

    C. StartsWith()   D. Substring()

第 11 章

集　合

　　如果你有很多书,你会考虑买一个书柜,将其分门别类管理起来,使用书柜不仅可使房间变得整洁,也便于以后使用时查找。在计算机中管理对象亦是如此,当获得多个对象后,也需要一个容器将它们管理起来,这个容器就是集合,每一种集合本质上对应一种数据结构,.NET 支持列表、队列、数组、哈希表和字典等集合。

　　.NET 提供如下 2 个命名空间,包含集合相关的接口和类。

　　(1) System. Collections:非泛型集合。

　　(2) System. Collections. Generic:泛型集合。

　　这 2 个命名空间中都有类似的集合和接口,区别只是支持泛型和不支持泛型,有关泛型和非泛型将在 11.2 节详细介绍,这里先不展开介绍。

　　这些集合有很多,但是从实际使用情况出发,重点介绍如下 2 种集合。

　　(1) 基于索引的集合:描述它的接口是 IList。

　　(2) 基于键-值对的集合:描述它的接口是 IDictionary。

　　本章就以这 2 种集合为主线介绍一下 C♯语言中的主要集合。

11.1 基于索引的集合

基于索引的集合中的元素是有序的，如图 11-1 所示，它是一个字符集合，该集合中有 5 个元素，元素索引从 0 开始。

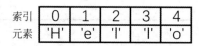

图 11-1　基于索引的集合

11.1.1 IList 接口

基于索引的集合，描述它的接口是 IList，它位于 System. Collections 命名空间中，IList 接口常用方法如下。

（1）int Add(object value)方法：在当前集合的尾部添加指定的元素 value，返回值是新元素插入的位置。

（2）void Remove(object value)方法：从集合中删除遇到的第一个 value 对象。

（3）void RemoveAt(int index)方法：从集合中删除 index 位置的元素。

（4）void Insert(int index,object value)方法：向集合中插入元素，参数 index 是要插入元素的位置；参数 value 是要插入的元素。

（5）bool Contains(object value)方法：判断是否包含元素 value，如果包含，则返回 true；否则返回 false。

（6）void Clear()方法：移除集合中所有元素。

11.1.2 实现 IList 接口

接口无法被实例化，在使用时需要使用实现接口的具体类。实现 IList 接口的具体类中，最常用的是 ArrayList 类。ArrayList 类非常类似于数组，但是数组长度是不可变的，而 ArrayList 类的长度是可变的。

在创建 ArrayList 类对象时，可以指定容量，这样可以高效地访问其中的元素。如果添加元素的数量超出了容量，则集合会自动扩容。

ArrayList 类的主要构造方法如下：

（1）ArrayList()：指定默认容量，初始化空集合实例。

（2）ArrayList(int capacity)：指定容量大小为 capacity，初始化实例。

示例代码如下：

```
// 11.1.2 实现 IList 接口
using System.Collections;

namespace HelloProj
```

```
{
    internal class Program
    {
        static void Main(string[] args)
        {
            IList list1;                      // 声明变量 list1 为 IList 接口类型
            list1 = new ArrayList();          // 实例化 ArrayList 类对象
            String str = "Hello";             // 声明字符串

            for (int i = 0; i < str.Length; i++)                              ①
            { // 变量字符串 str
                list1.Add(str.ElementAt(i));  // 从字符串中取字符,并添加到变量 list 中 ②
            }

            Console.WriteLine("for 遍历…");
            for (int i = 0; i < list1.Count; i++)                             ③
            {
                Console.WriteLine(list1[i]);++)                              ④
            }

            IList list2 = new ArrayList(5);   // 创建容量为 5 的 ArrayList 类对象     ⑤

            list2.Add(1);
            list2.Add(2);
            list2.Add(3);
            list2.Add(1);                     // 1,2,3,1
            Console.WriteLine("list2.Count:" + list2.Count);
            // 删除第一个 1 元素
            list2.Remove(1);                  // 2,3,1
            Console.WriteLine("list2.Count:" + list2.Count);
            // 删除索引 2 位置元素,即最后一个 1 元素
            list2.RemoveAt(2);                // 2,3
            // 在索引 2 位置插入元素 8
            list2.Insert(1, 8);               // 2,8,3

            Console.WriteLine("list2 集合中包含元素 8:", list2.Contains(8));       ⑥

            Console.WriteLine("foreach 遍历…"),
            foreach (int item in list2)       // 打印变量 list2
            {
                Console.WriteLine(item);
            }
            // 移除集合中所有元素
            list2.Clear();
            Console.WriteLine("list2.Count:" + list2.Count);
            // Console.WriteLine(list[5]);     //超出索引的元素发生               ⑦
ArgumentOutOfRangeException 异常
        }
    }
}
```

上述代码第①行通过 for 语句遍历字符串中所有字符；代码第②行变量 str.ElementAt(i)获得索引 i 处的字符。

代码第③行中 Count()方法获得集合长度，

代码第④行通过集合下标索引[i]访问 list1 中的元素。

代码第⑤行创建容量为 5 的 ArrayList 类对象，注意容量与长度是不同的。

代码第⑥行通过 list2 对象的 Contains()方法判断是否存在元素 8。

如果试图访问超出索引的元素，则会发生运行错误，见代码第⑦行 list[5]表达式。

微课视频

11.1.3 集合中强制类型转换问题

集合中可以保存任何对象，但有时候需要保证放入的数据类型与取出的数据类型保持一致，否则可能会发生异常。先看看如下代码：

```
// 11.1.3 集合中强制类型转换问题
using System.Collections;

internal class Program
{
    static void Main(string[] args)
    {
        IList list = new ArrayList();              // 创建 ArrayList 类对象
        // 向集合中添加元素
        list.Add("1");
        list.Add("2");
        list.Add("3");
        list.Add("4");
        list.Add("5");

        // 遍历集合
        foreach (Object item in list)
        {
            int element = (int)item;              // InvalidCastException 异常      ①
            Console.WriteLine("读取集合元素：" + element);
        }
    }
}
```

上述代码实现的功能很简单，就是将一些数据保存到集合中，然后再取出。

在代码第①行需要强制类型转换，强制类型转换是有风险的，如果不进行判断就臆断进行类型转换，则会发生 InvalidCastException 异常，所以上述代码运行结果如图 11-2 所示异常。

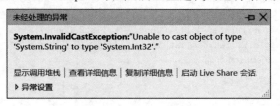

图 11-2 引发异常

11.2　在基于索引的集合中使用泛型

为了防止类型转换异常,可以使用支持泛型的集合类型,使用泛型可以限制集合中只能保存特定类型数据,所以泛型的引入可以将这些运行时的异常提前到编译期暴露出来,这增强了数据类型的安全检查。

在基于索引的集合中使用泛型的示例代码如下:

```
// 11.2 在基于索引的集合中使用泛型

using System.Collections.Generic;              // 导入泛型命名空间

internal class Program
{
    static void Main(string[] args)
    {
        IList < int > list;                        // 声明基于索引的泛型集合类型      ①

        list = new List < int >();                 // 创建基于索引的泛型集合对象      ②
        // 向集合中添加元素
        list.Add(1);
        list.Add(2);
        list.Add(3);
        list.Add(4);
        list.Add("5");                             // 编译错误                    ③


        // 遍历集合
        //foreach (Object element in list)
        foreach (int element in list)                                            ④
        {
            Console.WriteLine("读取集合元素: " + element);
        }
    }
}
```

上述代码第①行声明基于索引的泛型集合类型,其中< int >是声明集合泛型,即只能存放 int 类型数据;代码第②行创建 List < int >对象,它是基于索引的泛型集合对象。注意,声明集合泛型类型与实例化泛型的类型要保持一致。

由于声明了集合泛型类型是 int,因此 list 中只能存放 int 类型数据,所以代码第③行试图存放字符串"5"会发生编译错误。

另外,指定了泛型类型,所以在遍历 list 集合时,指定元素的类型为 int,而不是 Object。

📖提示　在查看文档时,泛型类型会用到< T >,例如 IList < T >,是说明这些类型是支持泛型的。尖括号中的 E、K 和 V 等都是类型参数名称,它们是实际类型的占位符。

不支持泛型的基于索引的集合体类是 ArrayList,而支持泛型的基于索引的集合体类是 List。

11.3 基于键-值对的集合

基于键-值对的集合是一种非常常用的集合类型,允许按照某个键来访问元素。其由两个部分构成:一个是键(key)集合;一个是值(value)集合,其中,键集合中的元素是不可重复的,每个键与一个值相对应,形成键-值对出现。如图 11-3 所示,它描述了一个国家及其对应的首都的集合,其中,国家是键集合,不能有重复元素;首都是值集合,允许重复。

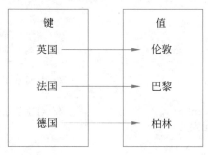

图 11-3 国家及其对应首都集合

11.3.1 IDictionary 接口

System.Collections 命名空间中提供的基于键-值对的集合的非泛型接口是 IDictionary,IDictionary 接口常用方法如下。

(1) void Add(object key,object value)方法:向集合对象中添加一对键和值的元素,参数 key 是键;参数 value 是对应的值。

(2) void Remove(object key)方法:在集合中删除键(key)所对应的元素,整个键-值对都被移除。

(3) bool Contains(object value)方法:判断是否包含元素 value,如果包含,则返回 true;否则返回 false。

(4) void Clear()方法:移除集合中所有元素。

IDictionary 接口除了方法外,还提供了一些属性,常用属性如下。

(1) Values 属性:返回所有值的集合,返回类型是 ICollection。

(2) Keys 属性:返回所有键的集合,返回类型也是 ICollection。

11.3.2 实现 IDictionary 接口

IDictionary 接口实现类主要是 Hashtable,Hashtable 又称为哈希表。

使用 Hashtable 类的示例代码如下:

```
//11.3.2　实现 IDictionary 接口
using System.Collections;

internal class Program
{
    static void Main(string[] args)
    {
        IDictionary dictionary;                          // 声明基于键-值对的集合变量
        dictionary = new Hashtable();                    // 创建 Hashtable 类对象

        // 向集合中添加元素
        dictionary.Add(102, "张三");
        dictionary.Add(105, "李四");
        dictionary.Add(109, "王五");
        dictionary.Add(110, "董六");
        //"李四"值重复
        dictionary.Add(111, "李四");
        dictionary.Add(109, "刘备");                     // System.ArgumentException    ①

        // 通过键取值
        Console.WriteLine("109 - " + dictionary[109]); // 王五                          ②
        Console.WriteLine("108 - " + dictionary[108]); // 空值                          ③

        // 只遍历键集合
        Console.WriteLine("只遍历键集合 ------------ ");
        foreach (object key in dictionary.Keys) {
            Console.WriteLine(key);
        }
        // 只遍历值集合
        Console.WriteLine("只遍历值集合 ------------ ");
        foreach (object value in dictionary.Values)
        {
            Console.WriteLine(value);
        }

        Console.WriteLine("遍历集合 ------------ ");
        foreach (DictionaryEntry entry in dictionary)                                  ④
        {
            Console.WriteLine("{0} -> {1}", entry.Key, entry.Value);                   ⑤
        }
    }
}
```

上述代码第①行试图添加已经存在的键，抛出异常；代码第②行和第③行是通过一对中括号（[]）访问集合元素，中括号中的参数是键，如果提供的键没有对应的值，则会返回空值。

代码第④行遍历集合，其中每一个元素是 DictionaryEntry 类型，它是一种保存键-值对信息的结构类型。

代码第⑤行 entry.Key 是访问键，entry.Value 是访问值。

注释掉代码第①行，运行示例代码，结果如下：

```
109 - 王五
108 -
只遍历键集合--------------
111
110
102
109
105
只遍历值集合--------------
李四
董六
张三
王五
李四
遍历集合--------------
111 -> 李四
110 -> 董六
102 -> 张三
109 -> 王五
105 -> 李四
```

微课视频

11.4 在基于键-值对的集合中使用泛型

与基于索引的集合类似，.NET 也提供了基于键-值对的集合相关类和接口的泛型支持，本节将介绍如何在基于键-值对的集合中使用泛型。

读者可以对照基于键-值对的集合相关类和接口的非泛型版本学习泛型版本，它们的对照表如表 11-1 所示。

表 11-1　非泛型版本和泛型版本对照表

非 泛 型 版 本	泛 型 版 本	说　　明
IDictionary	IDictionary < TKey, TValue >	接口
Hashtable	Dictionary < TKey, TValue >	类
DictionaryEntry	KeyValuePair < TKey, TValue >	结构

示例代码如下：

```
//11.4 在基于键-值对的集合中使用泛型

using System.Collections;

internal class Program
{
    static void Main(string[] args)
    {
```

```
IDictionary < int, string > dictionary;          // 声明基于键-值对的集合变量  ①
dictionary = new Dictionary < int, string >();   // 创建集合对象              ②

// 向集合中添加元素
dictionary.Add(102, "张三");

dictionary.Add(105, "李四");
dictionary.Add(109, "王五");
dictionary.Add(110, "董六");
dictionary.Add("111", 789);                      // 编译错误                ③


// 通过键取值
Console.WriteLine("109 - " + dictionary[109]);// 王五
Console.WriteLine("108 - " + dictionary[108]);// 抛出 KeyNotFoundException 异常 ④

// 只遍历键集合
Console.WriteLine("只遍历键集合 ------------ ");
foreach ( int key in dictionary.Keys)
{
    Console.WriteLine(key);
}
// 只遍历值集合
Console.WriteLine("只遍历值集合 ------------ ");
foreach (string value in dictionary.Values)
{
    Console.WriteLine(value);
}

Console.WriteLine("遍历集合 ------------ ");
foreach (KeyValuePair < int, string > entry in dictionary)   ⑤
{
    Console.WriteLine("{0} -> {1}", entry.Key, entry.Value);
}
    }
}
```

上述代码第①行声明基于键-值对的集合变量,注意 IDictionary < int, string >,这里采用了泛型,对于 IDictionary 指定泛型时,需要指定它键和值的类型,如图 11-4 所示,代码第②行是创建 Dictionary 对象,注意,它也需要指定键和值的类型。

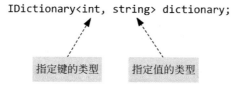

图 11-4 指定泛型

代码第③行会发生编译错误,因为提供的键和值数据类型不符合声明中的类型。

代码第④行在执行时抛出 KeyNotFoundException 异常，因为在使用泛型情况下不能获取不存在的键-值对。

代码第⑤行遍历集合时使用了 KeyValuePair 替代 DictionaryEntry，但是这需要指定 KeyValuePair 的泛型。

注释掉代码第③行和第⑤行，运行示例代码，结果如下：

```
109 - 王五
只遍历键集合 -------------
102
105
109
110
只遍历值集合 -------------
张三
李四
王五
董六
遍历集合 -------------
102 -> 张三
105 -> 李四
109 -> 王五
110 -> 董六
```

11.5 动手练一练

选择题

（1）实现 IList 接口的实现类有哪些？（　　　）

    A. ArrayList   B. Array

    C. List   D. Object

（2）实现 IDictionary 接口的实现类有哪些？（　　　）

    A. Dictionary   B. Hashtable

    C. DictionaryEntry   D. Object

（3）下列选项中哪些是 IList 接口方法？（　　　）

    A. Add(object value)   B. Remove(object value)

    C. Contains(object value)   D. void Clear()

（4）下列选项中哪些是 IDictionary 接口方法？（　　　）

    A. Add(object key,object value)   B. Remove(object key)

    C. Contains(object value)   D. void Clear()

第 12 章

提高程序的健壮性
与异常处理

　　为增强程序的健壮性,计算机程序的编写也需要考虑处理异常的情况,C♯语言提供了异常处理机制。本章介绍 C♯语言异常处理机制。

12.1　异常处理机制

微课视频

　　为了学习 C♯语言异常处理机制,先来看一个除法运算的示例,代码如下:

```
internal class Program
{
    static void Main(string[] args)
    {
        Console.WriteLine("请输入分子:");
        string str = Console.ReadLine();          // 从键盘读取分子
        int n1 = Convert.ToInt32(str);            // 将字符串转换为 int 类型

        Console.WriteLine("请输入分母:");
        str = Console.ReadLine();                 // 从键盘读取分母
```

```
        int n2 = Convert.ToInt32(str);          // 将字符串转换为 int 类型
        double res = Divide(n1, n2);             // 调用 divide() 方法            ①
        Console.WriteLine("计算结果:{0}.", res);
    }

    /// < summary >
    /// 自定义的除法方法
    /// </summary >
    /// < param name = "m">分子</param >
    /// < param name = "n">分母</param >
    /// < returns > 返回计算结果</returns >
    public static double Divide( int m, int n)                                    ②
    {
        double result = m / n;
        return result;
    }
}
```

上述代码第①行调用代码第②行的 Divide()方法实现除法运算，上述示例代码正常运行结果如图 12-1 所示；如果输入的分母是 0，则会发生 DivideByZeroException 异常，如图 12-2 所示。

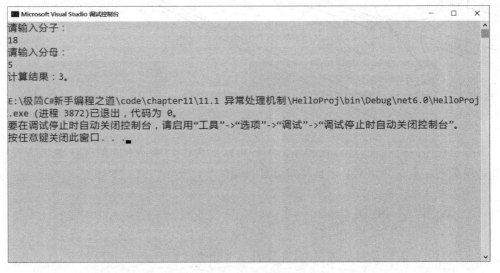

图 12-1　正常运行

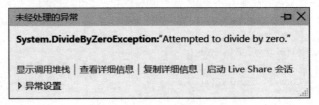

图 12-2　发生异常

微课视频

12.2　异常类继承层次

在12.1节的示例中,如果分母为0,则会抛出 DivideByZeroException 异常。在.NET中,定义了大量的异常类,如图12-3所示,这是.NET主要异常类的继承层次类图。

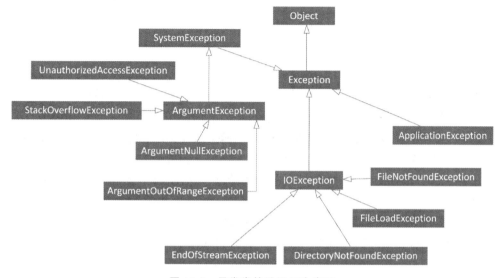

图 12-3　异常类的继承层次类图

图12-3所示的层次结构中,有多个异常派生类,下面对它们进行介绍。

（1）Exception：所有异常的基类,它派生于 Object 类,用于表示在应用程序执行期间出现的错误。

（2）SystemException 及其子类：表示致命错误和非致命错误的异常,通常由.NET运行库抛出。例如,当.NET运行库检测到堆栈已满时,会抛出 StackOverflowException 异常。

（3）ApplicationException：作为第三方定义的异常基类。

（4）IOException：表示发生 I/O 错误时引发的异常,是 SystemException 的子类。常见的 IOException 包括 FileNotFoundException、DirectoryNotFoundException 等。

12.3　捕获异常

在学习本节内容之前,让我们先思考一下在现实生活中如何处理领导交给我们的任务。通常情况下,我们有两种处理方式：如果我们有能力解决该任务,就自己处理；如果我们无法解决该任务,就将任务反馈给领导让领导处理。

同样的道理,处理异常也是如此。如果当前方法有能力解决异常,就捕获该异常并进行处理；如果当前方法无法解决异常,就将异常抛给上层调用方法进行处理。如果上层调用方法仍然无法解决该异常，就继续将异常向上传递，直到有方法处理它为止。如果所有的方法都无法处理该异常，程序将会终止运行。

12.3.1　try-catch 语句

捕获异常是通过 try-catch 语句实现的，最基本的 try-catch 语句语法格式如下：

```
try{
    //可能会发生异常的语句
} catch [(异常类型 e)]{
    //处理异常语句
}
```

语法解释如下：

（1）try 代码块包含程序的正常执行代码，但可能遇到某些异常情况。

（2）catch 代码块包含处理异常的代码，当程序在 try 代码块执行遇到异常时，则进入此代码块中处理异常情况。catch 后面的"异常类型 e"是捕获的异常类型，e 是异常对象。"异常类型 e"部分可以省略，如果省略则捕获所有类型异常。一个 try 代码块可以跟多个 catch 代码块。

事实上，12.1 节示例代码并未做捕获异常处理，输入一个非法的整数，如图 12-4 所示，在控制台中输入 abcd 字符串，由于 Convert.ToInt32() 方法不能将这样的字符串转换为整数，所以程序继续执行时会抛出 FormatException 异常，如图 12-5 所示。

图 12-4　输入一个非法的整数

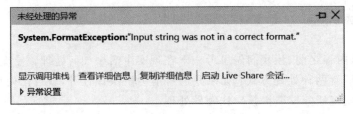

图 12-5　发生异常 System.FormatException

为了防止用户输入非法数据导致程序发生异常,需要修改 12.1 节的示例代码,添加 try-catch 语句。修改后的代码如下:

```
//12.3.1 try - catch 语句
internal class Program
{
    static void Main(string[ ] args)
    {
        try                                                          ①
        {
            Console.WriteLine("请输入分子:");
            string str = Console.ReadLine();        // 从键盘读取分子
            int n1 = Convert.ToInt32(str);          // 将字符串转换为 int 类型    ②

            Console.WriteLine("请输入分母:");
            str = Console.ReadLine();               // 从键盘读取分母
            int n2 = Convert.ToInt32(str);          // 将字符串转换为 int 类型    ③
            double res = Divide(n1, n2);            // 调用 Divide() 方法
            Console.WriteLine("计算结果:{0}.", res);
        }
        catch (FormatException e)                                    ④
        {
            Console.WriteLine(e.StackTrace);        // 打印异常堆栈信息          ⑤
        }

    }

    ...<省略 Divide 方法代码>
}
```

上述代码中可能发生异常的是包含 Convert.ToInt32()方法的代码行,因此在代码的第②行和第③行都需要添加 try-catch 语句。上述代码第①行～第④行是 try 代码块,当第②行或第③行发生异常时,会被代码第④行～第⑤行的 catch 代码块捕获;代码第⑤行 e.StackTrace 调用异常对象 e 的堆栈属性,以获得异常堆栈信息。 如果程序在要求输入分子时,输入了非法字符串,则会打印如下所示的结果:

```
abc
    at System.Number.ThrowOverflowOrFormatException(ParsingStatus status, TypeCode type)
    at System.Convert.ToInt32(String value)
    at Program.Main(String[ ] args) in ...\code\chapter11\12.3.1 try - catch 语句\HelloProj\
Program.cs:line 9
```

打印的结果就是异常堆栈信息,它反映了程序在出现异常时的流程,从中可以看出哪一行代码发生了异常以及异常的类型。另外,因为捕获的异常类型可以省略,因此上述代码中省略了 catch 代码块,可以替换为如下的代码:

```
catch (FormatException e) {
    Console.WriteLine("输入整数的非法!");
}
```

12.3.2 使用多 catch 代码块

如果 try 代码块中很多语句会发生异常，而且发生的异常种类又很多，那么可以在 try 后面跟多个 catch 代码块。多 catch 代码块语法如下：

```
try{
    //可能会发生异常的语句
} catch(异常类型 1 e){
    //处理异常 e
} catch(异常类型 2 e){
//处理异常 e
    …
} catch(异常类型 N e){
    //处理异常 e
}
```

在多个 catch 代码块的情况下，当一个 catch 代码块捕获到异常时，其他的 catch 代码块就不再进行匹配。当捕获的多个异常类之间存在继承关系时，捕获异常顺序与 catch 代码块的顺序有关：一般先捕获派生类，后捕获基类，否则派生类捕获不到。

下面通过一个示例介绍如何实现使用多 catch 代码块捕获异常。本示例是从文件 (data.txt)读取分子和分母数据，data.txt 文件内容如图 12-6 所示，其中第一行 18 是分子，第二行 5 是分母。

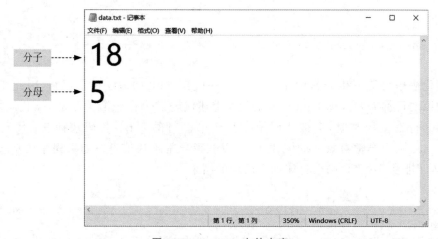

图 12-6　data.txt 文件内容

示例代码如下：

```
//12.3.2 使用多 catch 代码块
internal class Program
{
    static void Main(string[] args)
    {
        string filePath = @"...\HelloProj\data.txt";
```
①

```
        try
        {
            StreamReader reader = new StreamReader(textFile); // 实例化 reader 对象
            IList < string > datas = new List < string >();    // 创建 List 集合 datas 对象

            string strLine = reader.ReadLine();              // 读取一行字符串         ②
            while (strLine != null)
            {
                datas.Add(strLine);   // 将读取的一行字符串添加到集合 datas 中
                strLine = reader.ReadLine();
            }

            int n1 = Convert.ToInt32(datas[0]);              // 将字符串转换为 int 类型   ③
            int n2 = Convert.ToInt32(datas[1]);              // 将字符串转换为 int 类型   ④
            double res = Divide(n1, n2);                     // 调用 divide() 方法
            Console.WriteLine("计算结果:{0}.", res);
        }
        catch (FormatException e)                                                    ⑤
        {
            Console.WriteLine(e.Message);                    // 打印异常信息
        }

        catch (FileNotFoundException e)                                              ⑥
        {
            Console.WriteLine(e.Message);                    // 打印异常信息
        }

        catch (DirectoryNotFoundException e)                                         ⑦
        {
            Console.WriteLine(e.Message);                    // 打印异常堆栈信息
        }
    }
    ...<省略 Divide 方法代码>
}
```

上述代码第①行声明文件路径,注意这个路径采用的是绝对路径,读者需要根据实际文件路径修改此内容,由于在路径中有很多分隔符(\),使用逐字字符串表示不需要转义,更方便一些。

代码第②行通过 StreamReader 对象读取一行数据,有关 StreamReader 类的使用细节将在第 13 章详细介绍。

代码第③行和第④行将读取的字符串数据转换为整数。

代码第⑤行~第⑦行,捕获 3 种异常:

(1) FormatException:数据格式异常。

(2) FileNotFoundException:文件没有找到异常。

(3) DirectoryNotFoundException:文件目录没有找到异常。

这 3 种异常没有关联关系,捕获没有先后顺序。

为了测试上述示例代码,读者可以将文件名或文件路径修改一下,如果文件没有找到,则会有类似如下运行结果输出:

```
Could not find file '...\HelloProj\data1.txt'.
```

如果目录没有找到,则会有类似如下运行结果输出:

```
Could not find a part of the path '...\HelloProj\data1.txt'.
```

12.4　finally 代码块

有时 try-catch 语句会占用一些非托管资源(.NET 不能回收的资源),如打开文件、网络连接和打开数据库连接等,这些资源需要程序员释放,为了确保这些资源能够被释放,可以使用 finally 代码块。

try-catch 语句后面还可以跟一个 finally 代码块,无论是 try 代码块正常结束还是 catch 代码块异常结束,都会执行 finally 代码块,finally 代码块语法格式如下:

```
try{
    //可能会发生异常的语句
} catch(异常类型 1 e){
    //处理异常 e
} catch(异常类型 2 e){
//处理异常 e
    ...
} catch(异常类型 N e){
    //处理异常 e
} finally{
    //释放资源代码
}
```

事实上,12.3.2 节的示例代码是有缺陷的,因为 StreamReader 类的资源没有被释放,修改 12.3.2 节示例代码如下:

```
//12.4 finally 代码块

internal class Program
{
    static void Main(string[] args)
    {
        string textFile = @"...\data.txt";
        StreamReader reader = null;                 // 声明 StreamReader 类变量 reader   ①
        try
        {
            reader = new StreamReader(textFile);// 实例化 reader 对象
            IList<string> datas = new List<string>(); // 创建 List 集合 datas 对象

            string strLine = reader.ReadLine();         // 读取一行字符串
            while (strLine != null)
```

```
                {
                    datas.Add(strLine);                // 将读取的一行字符串添加到集合 datas 中
                    strLine = reader.ReadLine();
                }

                int n1 = Convert.ToInt32(datas[0]);  // 将字符串转换为 int 类型
                int n2 = Convert.ToInt32(datas[1]);  // 将字符串转换为 int 类型
                double res = Divide(n1, n2);         // 调用 divide() 方法
                Console.WriteLine("计算结果:{0}.", res);
            }
            catch (FormatException e)
            {
                Console.WriteLine(e.Message);        // 打印异常信息
            }

            catch (FileNotFoundException e)
            {
                Console.WriteLine(e.Message);        // 打印异常信息
            }

            catch (DirectoryNotFoundException e)
            {
                Console.WriteLine(e.Message);        // 打印异常堆栈信息
            }
            finally                                                                          ②
            {
                Console.WriteLine("释放资源…");
                // 关闭 reader 对象释放资源
                reader.Close();                                                              ③
            }

        ...<省略 Divide 方法代码>

    }
```

上述代码中为了释放 reader 对象,需要将 reader 对象声明放到 try 代码块之前,见代码第①行,否则在 finally 代码块中就无法访问 reader 对象代码,代码第③行关闭 reader 对象释放资源。

读者可以测试一下代码,看看如果程序正常结束以及发生异常时是否会打印输出"释放资源…"字符串。

12.5　动手练一练

选择题

(1) 如果下列的方法能够正常运行,在控制台上将显示什么结果?(　　　)

```
internal class Program
```

```
{
    static void Main(string[] args)
    {
        try
        {
            int a = 0;
            Console.WriteLine(5 / a);
            Console.WriteLine("Test1");
        }
        catch (Exception e)
        {
            Console.WriteLine("Test 2");
        }
        finally
        {
            Console.WriteLine("Test 3");
        }
        Console.WriteLine("Test 4");
    }
}
```

A. Test 1   B. Test 2

C. Test 3   D. Test 4

（2）下面程序的输出结果是什么？（　　　）

```
class MyException : Exception { }
internal class Program
{
    static void Main(string[] args)
    {
        try
        {
            throw new MyException();
        }
        catch (Exception e)
        {
            Console.WriteLine("异常…");
        }
        finally
        {
            Console.WriteLine("完成…");
        }
    }
}
```

A. 异常…   B. 完成…

C. 异常…   D. 无输出

    完成…

（3）下面的程序是一个异常嵌套处理的例子，请选择其运行结果，注意 Console.Write()方

法不换行。（　　）

```
internal class Program
{
    static void Main(string[] args)
    {
        try
        {
            try
            {
                int i;
                int j = 0;
                i = 1 / j;
            }
            catch (Exception e)
            {
                Console.Write("1");
                throw e;
            }
            finally
            {
                Console.Write("2");
            }
        }
        catch (Exception e)
        {
            Console.Write("3");
        }
        finally
        {
            Console.Write("4");
        }
    }
}
```

A. 12   B. 1234

C. 234   D. 1342

（4）下列代码在运行时抛出的异常是什么？（　　）

```
internal class Program
{
    static void Main(string[] args)
    {
        int[] a = new int[10];
        a[10] = 0;
    }
}
```

A. ArithmeticException   B. IndexOutOfRangeException

C. NegativeArraySizeException   D. IllegalArgumentException

第 13 章

I/O 流

程序经常需要访问文件和目录,读取文件信息或写入信息到文件。在 C♯ 语言中对文件的读写是通过 I/O 流技术实现的,本章介绍 I/O 流技术。

13.1　I/O 流概述

C♯ 语言将数据的 I/O(输入/输出)操作当作"流"来处理。"流"是一组有序的数据序列,它分为两种形式:输入流和输出流,从数据源中读取数据是输入流,将数据写入目的地是输出流。

> 🔆 **提示**　以 CPU 为中心,从外部设备读取数据到内存,进而再读入 CPU,这是输入(input,I)过程;将内存中的数据写入外部设备,这是输出(output,O)过程。

13.1.1　流设计理念

如图 13-1 所示,输入的数据源有多种形式,如文件、网络和键盘等,键盘是默认的标准输入设备;数据输出的目的地也有多种形式,如文件、网络和控制台,控制台是默认的标准输出设备。

图 13-1　I/O 流

所有的输入形式都抽象为输入流,所有的输出形式都抽象为输出流,它们与设备无关。

13.1.2　I/O 流类继承层次

I/O 流主要的类都来自 System.IO 命名空间,如图 13-2 所示,是 I/O 流主要类的类图。

微课视频

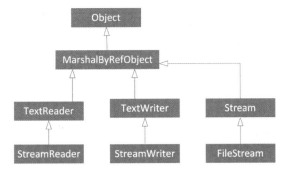

图 13-2　I/O 流主要类的类图

对于文件的读写,最常用的类如下:

(1) FileStream 类:主要用于在任何二进制文件中读写二进制数据,也可以使用它读写任何文件。

(2) StreamReader 类:用于读取文本文件。

(3) StreamWriter 类:用于写入文本文件。

13.2　读写文本文件

虽然 FileStream 类可以读写任何文件,也包括文本文件,但是如果能确定读写的是文本文件,那么还是优先使用 StreamReader 类和 StreamWriter 类读写文件,因为它们是专门为读写文本文件而设计的,使用起来非常方便。

13.2.1　StreamReader 类

StreamReader 类用于读取文本文件，来自 System. IO 命名空间，它的主要构造方法如下。

（1）StreamReader(string path)：通过指定文件名初始化 StreamReader 实例，参数 path 是要读取的完整文件路径。

（2）StreamReader(string path, System. Text. Encoding encoding)：通过指定的字符编码和文件名初始化 StreamReader 实例，参数 path 是要读取的完整文件路径；参数 encoding 是字符集。

（3）StreamReader(System. IO. Stream stream)：通过指定的流初始化 StreamReader 实例，参数 stream 是要读取的流。

（4）StreamReader(System. IO. Stream stream, System. Text. Encoding encoding)：通过指定字符编码以及指定流初始化 StreamReader 实例，参数 stream 是要读取的流；参数 encoding 是字符集。

除了构造方法外，StreamReader 类还有很多一般方法，主要方法如下。

（1）void Close()：关闭流，并释放与之关联的所有系统资源。

（2）string ReadLine()：从当前流中读取一行字符串返回。

（3）string ReadToEnd()：读取从流的当前位置到结尾的所有字符。

下面通过一个示例介绍如何通过 StreamReader 类从文件(data. txt)中读取文本文件内容，data. txt 文件内容如图 13-3 所示。

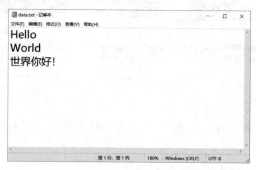

图 13-3　data. txt 文件内容

读取 data. txt 文件内容代码如下：

```
//13.2.1 StreamReader 类

internal class Program
{
    static void Main(string[] args)
    {
        string textFile = @"...\data.txt";          ①
        StreamReader reader = null;
```

```
        IList < string > datas = new List < string >();        // 创建 List 集合 datas 对象②
        try
        {
            reader = new StreamReader(textFile);        // 实例化 reader 对象        ③
            string strLine = reader.ReadLine();         // 读取一行字符串         ④
            while (strLine != null)                                                ⑤
            {
                datas.Add(strLine);        // 将读取的一行字符串添加到集合 datas 中
                strLine = reader.ReadLine();                                       ⑥
            }
        }
        catch (IOException ex)                          // 捕获异常              ⑦
        {
            Console.WriteLine(ex.Message);
        }
        finally
        {
            reader.Close();                             // 关闭文件并释放资源      ⑧
        }
        //遍历数据
        foreach (string item in datas)                                           ⑨
        {
            Console.WriteLine(item);
        }
    }
}
```

上述代码第①行指定文件路径,读者可根据情况修改文件路径。

代码第②行创建 List 集合 datas 对象,该对象保存从文件中读取的数据。

代码第③行创建 StreamReader 对象 reader。

代码第④行读取文件一行字符串。

代码第⑤行判断读取字符串是否为空,如果为空,则说明已经读取到文件尾部了。

代码第⑥行再次读取数据,然后回到代码第⑤行判断是否读取到文件尾部。

代码第⑦行捕获 IOException 异常。

代码第⑧行在 finally 代码块中关闭文件并释放资源。

代码第⑨行遍历集合 datas 数据。

上述示例代码运行结果如下:

```
Hello
World
世界你好!
```

13.2.2　StreamWriter 类

StreamWriter 类与 StreamReader 类相似,但 StreamWriter 只能用于写入文件,StreamWriter 也来自 System. IO 命名空间,它的主要构造方法如下。

（1）StreamWriter(string path)：通过指定文件名初始化 StreamWriter 实例，参数 path 是要写入的完整文件路径。

（2）StreamWriter(string path, bool append)：通过指定文件名初始化 StreamWriter 实例，如果该文件存在，则将其覆盖或向其追加内容，若要追加数据到该文件中，则 append 为 true；若要覆盖该文件，则 append 为 false；参数 path 是要写入的完整文件路径。

（3）StreamWriter(string path, bool append, System. Text. Encoding encoding)：通过指定文件名和字符集初始化 StreamWriter 类实例。

（4）StreamWriter(System. IO. Stream stream)：通过使用 UTF-8 编码初始化 StreamWriter 实例，参数 stream 是要写入的流。

除了构造方法外，StreamWriter 类还有很多一般方法，主要方法如下。

（1）void Close()：关闭流，并释放与之关联的所有系统资源。

（2）void Flush()：刷新缓冲区，并将所有缓冲数据写入流。

（3）Write(String value)：将字符串写入该流，参数 value 是要写入的字符串。

（4）WriteLine(String value)：将字符串写入该流，后跟行结束符，参数 value 是要写入的字符串。

下面通过一个示例介绍如何通过 StreamWriter 类写入数据到文本文件中，代码如下：

```csharp
//13.2.2 StreamWriter 类

internal class Program
{
    static void Main(string[] args)
    {
        string textFile = @"...\data2.txt";                    ①
        StreamWriter writer = null;
        try
        {
            writer = new StreamWriter(textFile);        // 实例化 writer 对象    ②

            writer.WriteLine("您好!");                  // 写入一行字符串,结尾会换行
            writer.Write("Hello");                      // 写入字符串
            writer.Write(" ");                          // 写入字符串
            writer.Write("World!");                     // 写入字符串
            writer.Write('\n');                         // 写入换行符         ③

        }
        catch (IOException ex)                          // 捕获异常
        {
            Console.WriteLine(ex.Message);                              ④
        }
        finally
        {
            writer.Close();                             // 关闭文件并释放资源    ⑤
        }
```

```
        Console.WriteLine("写入完成.");

    }
}
```

上述代码第①行指定文件路径，读者根据情况修改文件路径。

代码第②行创建 StreamWriter 对象 writer。

代码第③行写入一个换行符，这样输出结果中 Hello World! 字符串会处于一行。

代码第④行捕获 IOException 异常。

代码第⑤行在 finally 代码块中关闭文件并释放资源。

上述示例代码运行结果为：在指定的目录下生成 data2.txt 文件，如图 13-4 所示。打开文件 data2.txt，内容如图 13-5 所示，其中有两行字符串。

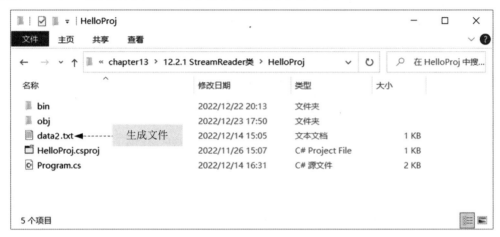

图 13-4　生成 data2.txt 文件

图 13-5　data2.txt 文件内容

13.2.3　自动释放资源

在 13.2.1 节和 13.2.2 节的示例中读者会发现一个问题，为了释放资源（关闭文件）都需要使用 finally 代码块，这使代码变得非常臃肿，事实上 C♯ 语言提供了自动释放资源机

微课视频

制，它是通过 using 代码块实现的，using 代码块可以管理实现 IDisposable 接口的资源对象，FileStream 类、StreamReader 类和 StreamWriter 类都实现了 IDisposable 接口。这意味着这些资源创建的对象都不需要程序员自己释放。

使用 using 代码块重构 13.2.1 节示例，代码如下：

```
//13.2.3 自动释放资源

internal class Program
{
    static void Main(string[] args)
    {
        string textFile = @"...\data.txt";
        IList < string > datas = new List < string >();        // 创建 List 集合 datas 对象
        //声明 using 代码块
        using (StreamReader reader = new StreamReader(textFile))                        ①
        {
            try
            {
                string strLine = reader.ReadLine();      // 读取一行字符串
                while (strLine != null)
                {
                    datas.Add(strLine);
                    strLine = reader.ReadLine(); // 将读取的一行字符串添加到集合 datas 中
                }
            }
            catch (IOException ex)
            {
                Console.WriteLine(ex.Message);
            }
        }                                                                               ②


        //遍历数据
        foreach (string item in datas)
        {
            Console.WriteLine(item);
        }
    }
}
```

上述代码第①行声明 using 代码块，其中 reader 对象是非托管的资源对象，它的作用范围是代码第①～②行，reader 对象当 using 代码块结束后会被自动释放。

提示 using 代码块可以自动释放资源，也就是可以省略 finally 代码块，但是要进行异常捕获和处理，所以 catch 代码块是不能省略的。

微课视频

13.3　FileStream 类

FileStream 类主要用于在任何二进制文件中读写二进制数据,也可以使用它读写任何文件,不过它使用起来很烦琐,FileStream 类的主要构造方法如下。

（1）FileStream(string path,System.IO.FileMode mode)：使用指定的路径和创建模式初始化 FileStream 实例,参数 path 是当前对象封装的文件路径；参数 mode 是文件创建模式。

（2）FileStream(string path,System.IO.FileMode mode,System.IO.FileAccess access)：通过指定文件路径、创建模式和读/写权限初始化 FileStream 实例,参数 path 是当前对象封装的文件路径；参数 mode 是文件创建模式；access 是文件读/写权限。

在初始化 FileStream 对象时会用到两个枚举类型。

（1）FileMode：定义打开文件方式的常量,这些常量说明如表 13-1 所示。

（2）FileAccess：定义文件的读/写访问权限的常量,这些常量说明如表 13-2 所示。

表 13-1　FileMode 枚举常量

枚 举 常 量	取　　值	说　　明
Read	1	对文件的读访问
Write	2	对文件的写访问
ReadWrite	3	对文件的读写访问

表 13-2　FileAccess 枚举常量

枚 举 常 量	取　　值	说　　明
Append	6	如果存在文件,则打开该文件在文件尾部追加,如果文件不存在,则创建一个新文件
Create	2	创建新文件,如果文件已存在,则将其覆盖
CreateNew	1	创建新文件,如果文件已存在,则将引发 IOException 异常
Open	3	打开现有文件,如果文件不存在,则引发 FileNotFoundException 异常
OpenOrCreate	4	如果文件存在,则打开,否则创建新文件
Truncate	5	打开现有文件,当文件被打开时,文件内容被清除

除了构造方法外,FileStream 类还有很多一般方法,主要方法如下。

（1）void Close()：关闭流,并释放与之关联的所有系统资源。

（2）void Flush()：刷新缓冲区,并将所有缓冲数据写入流。

（3）void Write(byte[] buffer,int offset,int count)：将字节数组写入文件流,参数 buffer 是要写入流的缓冲区,它是一个字节数组；参数 offset 是字节偏移量,从参数 buffer 的一个元素开始的字节偏移量,从此处开始将字节复制到该流；参数 count 是最多写入的字节数。

（4）int Read(byte[] buffer,int offset,int count)：从流中读取字节块并将该数据写入

给定的缓冲区中,参数 buffer 是缓冲区,它是一个字节数组;参数 offset 是字节偏移量,将在此处放置读取的字节;参数 count 是最多读取的字节数。该方法的返回值是读入缓冲区中的总字节数,如果已到达流结尾,则为 0。

微课视频

13.3.1 案例：文本文件复制

FileStream 类使用起来比较烦琐,本节通过一个简单的文本文件复制示例,让读者熟悉利用 FileStream 类如何实现文件的读写操作,该示例是从如图 13-6 所示的 build. txt 文件复制内容,比较简单,主要是便于读者理解复制过程。

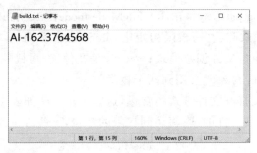

图 13-6　build. txt 文件

示例代码如下：

```
//13.3.1 案例:文本文件复制

using System;

internal class Program
{
    static void Main(string[] args)
    {
        string source = @"...\data\build.txt";                          ①
        string target = @"...\data\build - 副本.txt";                   ②

        using (FileStream sFs = new FileStream(source, FileMode.Open,
                                            FileAccess.Read))            ③
        {
            {
                using (FileStream tFs = new FileStream(target, FileMode.Create,
                                            FileAccess.Write))           ④
                {
                    // 准备一个缓冲区
                    byte[] buffer = new byte[10];                       ⑤
                    // 先读取一次
                    int len = sFs.Read(buffer, 0, buffer.Length);      ⑥
                    while (len != 0)                                    ⑦
                    {
                        // 将字节数组转换为字符串
```

```
                    string copyStr = System.Text.Encoding.UTF8.GetString(buffer); ⑧
                    // 打印复制的字符串
                    Console.WriteLine(copyStr);
                    // 开始写入数据
                    tFs.Write(buffer, 0, len);                                      ⑨
                    // 再读取一次
                    len = sFs.Read(buffer, 0, buffer.Length);                       ⑩
                }
            }
        }
    }
}
```

控制台输出结果如下：

```
AI - 162.376
456862.376
```

上述代码第①行和第②行指定源文件和目标文件路径和文件名，读者可根据情况准备源文件，本例中的源文件，读者可从本书配套提供的代码中下载。代码第③行创建 FileStream 对象，打开文件模式是 FileMode. Open，读/写访问权限设置为 FileAccess. Read，注意，为了自动管理 FileStream 对象，使用了 using 语句。代码第④行创建 FileStream 对象，打开文件模式是 FileMode. Create，读/写访问权限设置为 FileAccess. Write，注意，为了自动管理 FileStream 对象，使用了 using 语句。代码第⑤行准备一个缓冲区，它是包含 10 字节的数组。

💡提示　缓冲区大小（字节数组长度）多少合适？缓冲区大小决定了一次读/写操作的最多字节数，缓冲区设置的很小，会进行多次读写操作才能完成。所以如果当前计算机内存足够大，在不影响其他应用运行的情况下，缓冲区是越大越好。本例中缓冲区大小设置为 10，源文件中内容是 AI-162.3764568，共有 14 个字符，由于这些字符都属于 ASCII 字符，因此 14 个字符需要 14 字节描述，需要读/写两次才能完成复制。

代码第⑥行从输入流中读取数据，保存到 buffer 缓冲区中，len 是实际读/取的字节数。代码第⑩行也从输入流中读取数据，由于本例中缓冲区大小设置为 10，因此两次读/取操作将数据全部读完，第一次读取了 10 字节；第二次读取了 4 字节。

代码第⑦行判断读取的字节数 len 是否等于缓冲的长度；第一次执行时 len 为 4；第二次执行时 len 为 0。

代码第⑧行将字节数组转换为字符串，并将字符串输出到控制台。从输出的结果看，共输出了两次，每次输出了 10 个字符。第一次输出的结果是 AI-162.376，是源文件的前 10 个字符；第二次输出的结果是 456862.376，包含了第二次读取的前 4 个字符和第一次读取的后 6 个字符。两次读取的内容如图 13-7 所示。

代码第⑨行写入数据到输出流，与读取数据相对应，写入数据也调用了两次。第一次写

图 13-7　文件读取示意图

入时，len 为 10，将缓冲区 buffer 中所有元素全部写入输出流；第二次写入时，len 为 4，将缓冲区 buffer 中前 4 个元素写入输出流。

微课视频

13.3.2　案例：图片文件复制

13.3.1 节示例虽然复制的是文本文件，由于是基于字节的数据复制，因此可以复制任何文件，包括二进制文件。如果想复制图片文件，则只需要修改源文件和目标文件路径即可。

实现图片文件复制的代码如下：

```
//13.3.2 案例:图片文件复制
internal class Program
{
    static void Main(string[] args)
    {
        string source = @"...\data\coco2dxcplus.jpg";
        string target = @"...\data\coco2dxcplus - 副本.jpg";

        using (FileStream sFs = new FileStream(source, FileMode.Open, FileAccess.Read))
        {
            {
                using (FileStream tFs = new FileStream(target, FileMode.Create, FileAccess.Write))
                {
                    // 准备一个缓冲区
                    byte[] buffer = new byte[10];
                    // 先读取一次
                    int len = sFs.Read(buffer, 0, buffer.Length);
                    while (len != 0)
                    {
                        // 开始写入数据
                        tFs.Write(buffer, 0, len);
                        // 再读取一次
                        len = sFs.Read(buffer, 0, buffer.Length);
                    }
                }
            }
        }
    }
}
```

```
        Console.WriteLine("复制完成.");
    }
}
```

上述代码与 13.3.1 节类似,这里不再赘述,读者可以自己测试一下。

13.4　动手练一练

编程题

首先,编写程序获得当前日期,并将日期按照特定格式写入一个文本文件中。然后再编写程序,从文本文件中读取刚刚写入的日期字符串。

提示:DateTime. Now 表达式可以获得当前日期。

第 14 章

MySQL 数据库编程

程序访问数据库也是 C♯ 语言开发中重要的技术之一。C♯ 语言与 SQL Server 数据库都属于微软的技术，它们之间有兼容性。然而，由于 MySQL 数据库应用非常广泛，因此本章将介绍如何通过 C♯ 语言访问 MySQL 数据库。另外，考虑到一些读者可能没有 MySQL 基础，本章还会介绍 MySQL 的安装和基本管理。

14.1 MySQL 数据库管理系统

MySQL 是流行的开放源的数据库管理系统，是 Oracle 旗下的数据库产品。目前 Oracle 提供了多个 MySQL 版本，其中 MySQL Community Edition（社区版）是免费的，该版本比较适合中小企业数据库，本书针对这个版本进行介绍。

社区版安装文件下载页面如图 14-1 所示，MySQL 可在 Windows、Linux 和 UNIX 等操作系统上安装和运行，读者根据情况选择不同平台安装文件下载。

图 14-1 社区版安装文件下载页面

14.1.1 安装 MySQL 8 数据库

笔者计算机的操作系统是 Windows 10 64 位,下载的离线安装包文件是 mysql-installer-community-8.0.8.26.msi,双击该文件就可以安装了。

MySQL 8 数据库安装过程如下。

1. 选择安装类型

首先,在如图 14-2 所示的对话框中选择安装类型,如果是为了学习 C♯ 语言而使用的数据库,则推荐选中 Server only,即只安装 MySQL 服务器,不安装其他的组件。

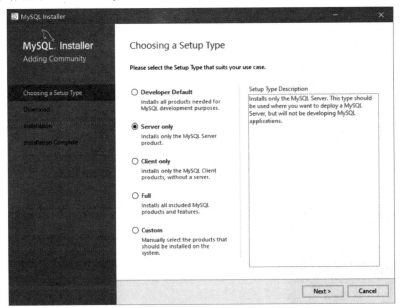

图 14-2 选择安装类型

单击 Next 按钮进入如图 14-3 所示对话框。

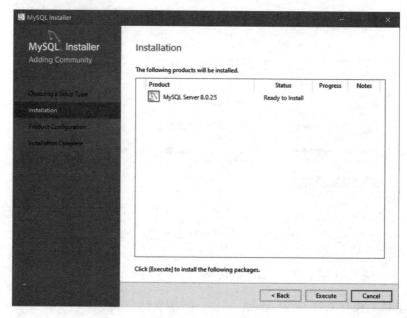

图 14-3　安装对话框

然后单击 Execute 按钮，开始执行安装。

2．配置安装

安装完成后，还需要进行必要的配置，其中重要的有 3 个步骤：

（1）配置网络，如图 14-4 所示，默认通信端口是 3306，如果没有端口冲突，建议不用修改。

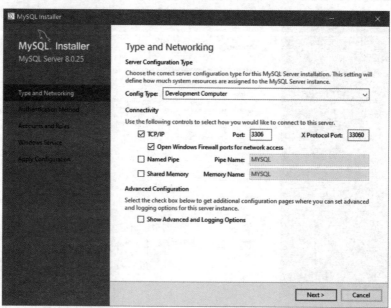

图 14-4　配置网络

（2）设置密码，如图 14-5 所示，设置过程可以为 Root 用户设置密码，也可以添加其他普通用户。

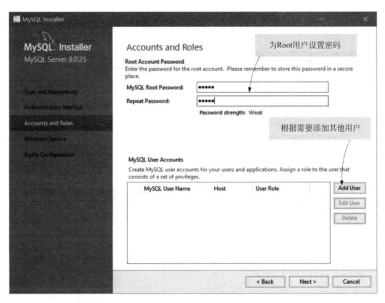

图 14-5　设置密码

3. 配置 Path 环境变量

为了使用方便，笔者推荐把 MySQL 安装路径添加到 Path 环境变量中，如图 14-6 所示，打开 Windows 环境变量配置对话框。

图 14-6　配置 Path 环境变量

双击 Path 环境变量，弹出"编辑环境变量"对话框，如图 14-7 所示，在此对话框中添加 MySQL 安装路径。

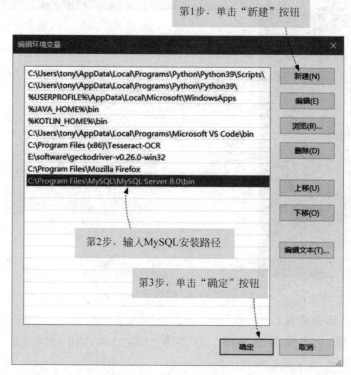

图 14-7 "编辑环境变量"对话框

微课视频

14.1.2 客户端登录服务器

MySQL 服务器安装好就可以使用了。使用 MySQL 服务器第一步是通过客户端登录服务器。登录服务器可以使用命令提示符窗口（macOS 和 Linux 终端窗口）或 GUI（图形用户界面）工具，笔者推荐使用命令提示符窗口登录。下面介绍使用命令提示符窗口的登录过程。

使用命令提示符窗口登录服务器完整的指令如下。

```
mysql -h 主机 IP 地址(主机名) -u 用户 -p
```

其中，-h、-u、-p 是参数，说明如下：

（1）-h：是要登录的服务器主机名或 IP 地址，可以是远程的服务器主机。注意，-h 后面可以没有空格。如果是本机登录可以省略。

（2）-u：是登录服务器的用户，该用户一定是数据库中存在的，并且具有登录服务器的权限。注意，-u 后面可以没有空格。

（3）-p：是用户对应的密码，可以直接在-p 后面输入密码，也可以按 Enter 键后再输入密码。

如图 14-8 所示,是用 mysql 指令登录本机服务器。

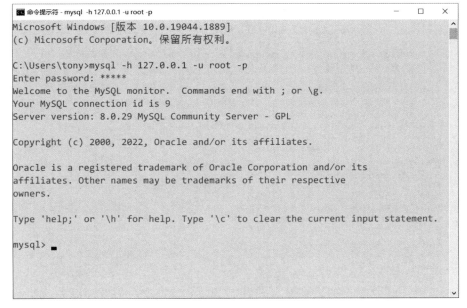

图 14-8 客户端登录服务器

14.1.3 常见的管理命令

要通过命令行客户端管理 MySQL 数据库,需要了解一些常用的命令。

1. help 命令

第一个应该熟悉的是 help 命令,help 命令能够列出 MySQL 数据库其他命令的帮助信息。在命令行客户端中输入 help,不需要分号结尾,直接按 Enter 键,如图 14-9 所示,列出的都是 MySQL 数据库的管理命令,这些命令大部分不需要以分号结尾。

2. 退出命令

如想从命令行客户端中退出,可以在命令行客户端中使用 quit 命令或 exit 命令,如图 14-10 所示。这两个命令也不需要以分号结尾。

3. 查看数据库命令

查看数据库命令是 show databases;,如图 14-11 所示,注意,该命令后面是以分号结尾。

4. 创建和删除数据库命令

创建数据库可以使用 create database testdb; 命令,如图 14-12 所示,testdb 是自定义的数据库名,注意,该命令后面是以分号结尾。

想要删除数据库可以使用 drop database testdb; 命令,如图 14-13 所示,testdb 是自定义的数据库名,注意,该命令后面是以分号结尾。

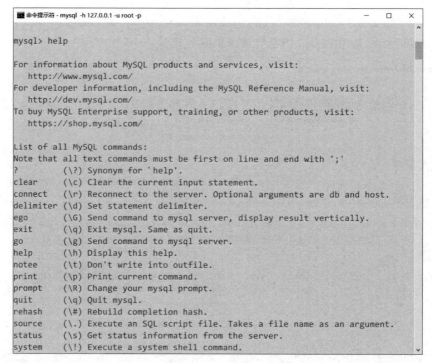

图 14-9　help 命令

图 14-10　退出命令

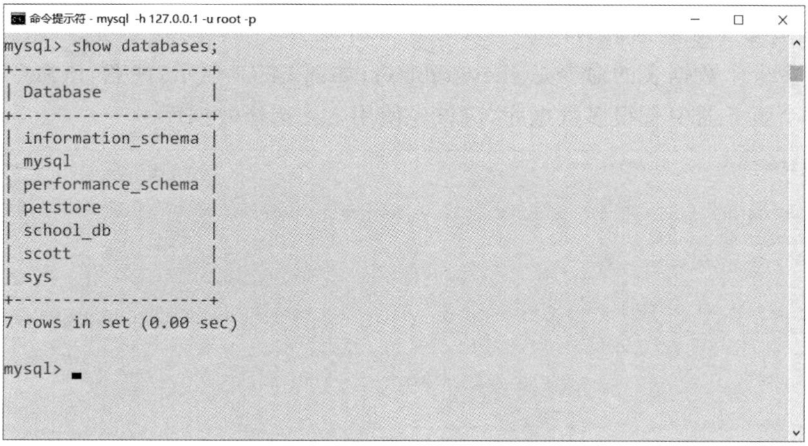

图 14-11　查看数据库命令

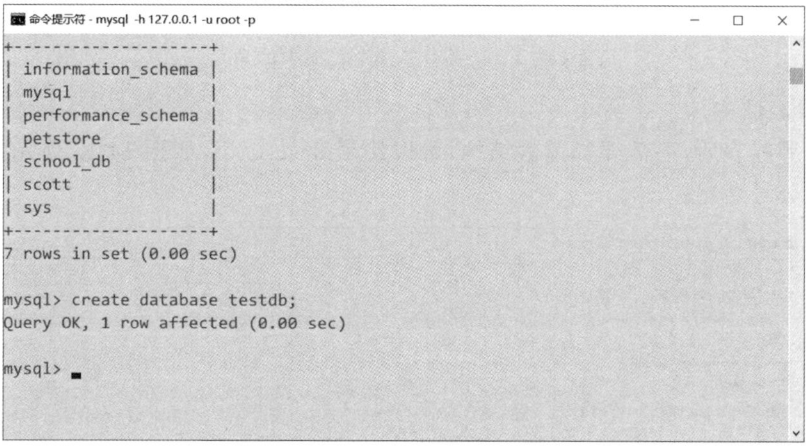

图 14-12　创建数据库命令

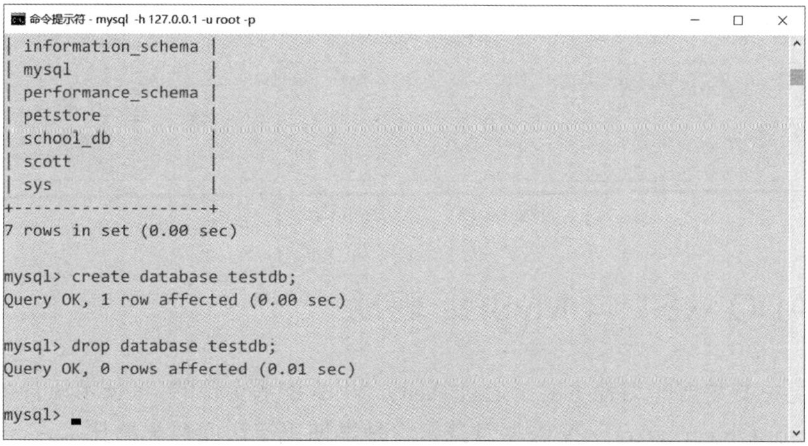

图 14-13　删除数据库命令

5. 查看有多少个数据表的命令

查看有多少个数据表的命令是 show tables；，如图 14-14 所示，注意，该命令后面是以分号结尾。一个服务器中有很多数据库，应该先使用 use 选择数据库。

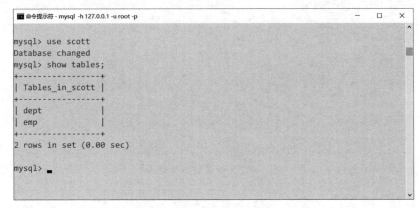

图 14-14　查看有多少个数据表的命令

6. 查看表结构

知道有哪些表后，还需要知道表结构，可以使用 desc 命令，如图 14-15 所示，注意，该命令后面是以分号结尾。

图 14-15　查看表结构命令

微课视频

14.2　ADO.NET 与 MySQL 驱动

C♯语言中的数据库编程主要是通过 ADO.NET 技术实现的，该技术源自微软的 ADO（ActiveX Data Objects，ActiveX 数据对象），它是早期用于访问数据的技术。

14.2.1　ADO. NET 体系结构

ADO. NET 用于访问和操作数据的两个主要组件是. NET 数据提供程序和 DataSet。

1. .NET 数据提供程序

. NET 数据提供程序是专门为操作和访问数据而设计的组件，主要包括：

（1）Connection 对象，提供到数据源的连接。

（2）Command 对象，通过该对象可以执行 SQL 语句，实现数据的增、删、改和查等操作。

（3）DataReader 对象，它可以从数据源返回查询的数据。

2. DataSet

DataSet 是为访问非连接状态数据源而设计的组件，DataSet 包含一个或多个 DataTable 对象的集合，这些对象由数据行和数据列，以及键、约束和关系等信息组成。

14.2.2　MySQL 驱动

ADO. NET 只提供了 SQL Sever 和 Oracle 访问程序，没有提供 MySQL 访问程序，MySQL 官方为. NET 开发人员提供了 MySQL 访问程序——MySQL Connector/NET，它是按照 ADO. NET 技术设计和开发的。

💡提示　在开发社区习惯称 MySQL Connector 为 MySQL 驱动，本书也将 MySQL Connector 称为 MySQL 驱动。

14.2.3　安装 MySQL 驱动

在详细介绍如何使用 MySQL 驱动访问 MySQL 数据库程序之前，需要先安装 MySQL 驱动。

安装 MySQL 驱动的方法有很多，笔者推荐使用 NuGet 包管理器安装。

💡提示　NuGet 包管理器是一个自由、开源软件包管理系统。主要用于微软平台开发。

使用 NuGet 包管理器安装 MySQL 驱动过程如下。

1. 打开 NuGet 包管理器

首先在 Visual Studio 中打开要安装驱动的项目，打开后右击项目名，在弹出的菜单中选择"管理 NuGet 程序包"命令，打开如图 14-16 所示的 NuGet 包管理器。

2. 搜索驱动

在 NuGet 包管理器按照关键字 MysqlConnector 搜索，如图 14-17 所示。

3. 安装驱动

搜索完成可以找到如下两个驱动：

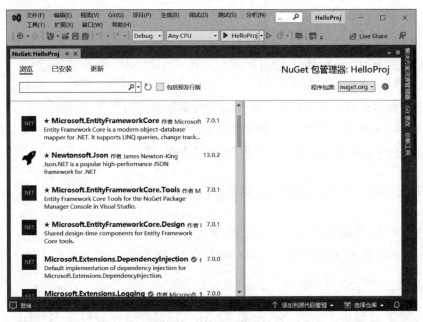

图 14-16 NuGet 包管理器

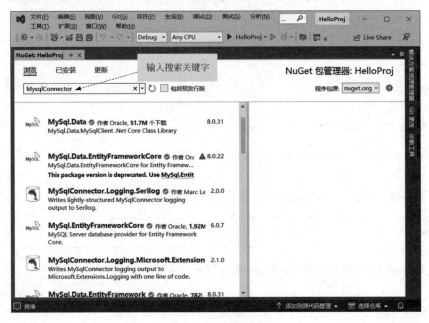

图 14-17 搜索驱动

（1）MySql.Data。

（2）MySql.Data.EntityFramework。

首先，单击 MySql.Data，打开如图 14-18 所示对话框，单击"安装"按钮就可以安装了，安装过程中会弹出如图 14-19 所示的"预览更改"对话框，单击 OK 按钮，然后会弹出如

图 14-20 所示"接受许可证"对话框，需要单击 I Accept 按钮，同意许可，然后开始安装，安装完成后就可以使用了。

图 14-18　安装 MySql. Data

图 14-19　"预览更改"对话框

图 14-20 "接受许可证"对话框

安装 MySql.Data.EntityFramework 过程类似安装 MySql.Data，这里不再赘述，安装成功后，回到项目的资源管理器界面，打开"依赖项"，可见如图 14-21 所示的两个包。

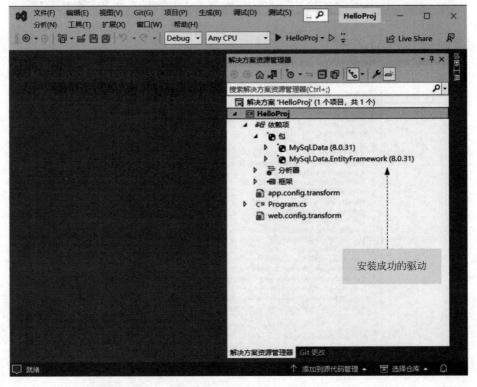

图 14-21 安装成功的驱动

14.3　MySQL 数据库编程介绍

使用 MySQL 驱动访问数据库的流程如图 14-22 所示，这个流程有 7 个步骤。

图 14-22　访问数据库的流程

14.3.1　建立数据库连接

访问数据库的第 1 个步骤是建立数据库连接，首先创建 Connection 对象，MySQL 驱动提供的 Connection 对象，是通过 MySqlConnection 类创建的实例，然后通过 Connection 对象的 Open() 方法建立数据库连接。

示例代码如下：

```
//14.3.1 建立数据库连接
using MySql.Data.MySqlClient;              // 命名空间
namespace HelloProj
{
    internal class Program
    {
        static void Main(string[] args)
        {
            string connStr = "server = localhost;user = root;database = scott_db;port = 3306;
password = 12345";                                              ①
            // 创建 Connection 对象
            MySqlConnection conn = new MySqlConnection(connStr);

            try
            {
```

```
                Console.WriteLine("连接 MySQL 数据库...");
                //建立数据库连接
                conn.Open();
                // 在此编写代码
                Console.WriteLine("连接成功.");
            }
            catch (Exception ex)
            {
                Console.WriteLine("连接失败!");
                Console.WriteLine(ex.ToString());
            }
            finally {
                // 关闭数据库释放资源
                conn.Close();                                    ②
            }
        }
    }
}
```

上述代码第①行声明数据库连接字符串,包括了数据库连接相应信息,这些信息之间使用分号(;)分隔,具体说明如图 14-23 所示。

图 14-23　数据库连接字符串的说明

代码第②行在 finally 代码块中关闭数据库释放资源。

14.3.2　创建 Command 对象

访问数据库的第 2 个步骤是创建 Command 对象,通过 Command 对象来执行 SQL 语句,MySQL 驱动提供的 Command 对象,是通过 MySqlCommand 类创建的实例,创建示例代码如下:

```
string sql = "SELECT * from emp" ;
MySqlCommand cmd = new MySqlCommand(sql, conn);
```

其中,conn 是 Command 对象。

14.3.3　设置参数

预处理 SQL 语句时,SQL 语句中留下一些占位符,这些占位符在预处理之前需要被设置。

示例代码如下:

```
string sql = "SELECT * FROM scott_db.emp where sal >@sal";          ①
// 创建 Command 对象
```

```
MySqlCommand cmd = new MySqlCommand(sql, conn);
// 设置参数
cmd.Parameters.AddWithValue("@sal", 1000);                          ②
```

上述代码第①行中 SQL 字符串中@sal 是占位符,它是使用"@"作为前缀,代码第②行中 cmd. Parameters 获得参数集合,参数集合的 AddWithValue("@sal",1000)方法通过占位符名添加参数。

14.3.4　预处理 SQL 语句

对 SQL 语句的预处理是将 SQL 语句预先编译为二进制指令,在实际执行时 SQL 语句不需要编译即可以马上执行,从而提高 SQL 语句执行效率,而且经过编译的 SQL 语句参数可以被反复设置和修改。另外,采用预处理 SQL 语句可以防止 SQL 注入等黑客攻击手段,从而提高系统的安全性。

预处理 SQL 语句是通过调用 Command 对象 Prepare()方法实现的,示例代码如下:

```
// 预处理 SQL 语句
cmd.Prepare();
```

14.3.5　执行 SQL 语句

执行 SQL 语句是通过 Command 对象 3 个执行方法实现的,这 3 个方法如下:

(1) ExecuteReader()方法:用于查询数据库,返回值是 MySqlDataReader 类型,它的实例是 DataReader 对象,其中包含了查询结果集。

(2) ExecuteNonQuery()方法:主要用于执行 INSERT、UPDATE 和 DELETE 语句。

(3) ExecuteScalar()方法:用于执行返回单个值的查询。

使用 ExecuteReader()方法的示例代码如下:

```
MySqlDataReader dataReader = cmd.ExecuteReader();
while (dataReader.Read())                                           ①
{
    Console.WriteLine(dataReader[0] + " -- " + dataReader[1]);      ②
}
dataReader.Close();                                                ③
```

返回 DataReader 对象后需要遍历结果集,代码第①行通过循环遍历结果集,Read()方法可以判断结果集中是否还有数据,如果有数据,则返回 true;否则返回 false。

代码第②行中 dataReader[0]获得第一个字段值,0 表示第一个字段索引,所以 dataReader[1]是获取第 2 个字段值,以此类推。

结果集遍历完成后需要调用 Close()方法关闭结果集,它可以释放资源,见代码第③行。

14.3.6　释放资源

释放资源主要是关闭数据库连接,在 14.3.8 节的示例已经介绍过,示例用的是在

finally 代码块中关闭数据库连接，另外也可以使用 using 代码块实现释放资源。

示例代码如下：

```csharp
//14.3.6 释放资源

using MySql.Data.MySqlClient;                    // 命名空间

namespace HelloProj
{
    internal class Program
    {
        static void Main(string[] args)
        {
            string connStr = "server = localhost;user = root;database = scott_db;port = 3306;
password = 12345";
                // 创建 Connection 对象

            using (MySqlConnection conn = new MySqlConnection(connStr))    ①
            {

                Console.WriteLine("连接 MySQL 数据库…");
                //创建数据库连接
                conn.Open();
                Console.WriteLine("连接成功.");
                string sql = "SELECT * FROM emp where sal >@sal";
                // 创建 Command 对象
                MySqlCommand cmd = new MySqlCommand(sql, conn);
                // 设置参数
                cmd.Parameters.AddWithValue("@sal", 1000);
                // 预处理 SQL 语句
                cmd.Prepare();

                MySqlDataReader dataReader = cmd.ExecuteReader();
                while (dataReader.Read())
                {
                    Console.WriteLine(dataReader[0] + " -- " + dataReader[1]);
                }
                dataReader.Close();
            }
        }
    }
}
```

上述代码第①行使用了 using 代码块，所以不再使用 finally 代码块。

14.3.7 数据库事务管理

数据库事务通常包含了多个对数据库的读/写操作，这些操作是有序的。若事务被提交给了数据库管理系统，则数据库管理系统需要确保该事务中的所有操作都成功完成，结果被永久保存在数据库中；如果事务中有的操作没有成功完成，则事务中的所有操作都需要被回滚,回到事务执行前的状态。

MySQL 驱动提供了 MySqlTransaction 类管理数据库事务,当操作成功时调用事务对象的 Commit()方法提交事务;当操作失败时调用事务对象的 Rollback()方法回滚事务。

示例代码如下:

```
// 开始事务
MySqlTransaction tx = conn.BeginTransaction();
...
// 执行成功提交事务
tx.Commit();
// 执行失败回滚事务
tx.Rollback();
```

14.4 案例:员工表增、删、改、查操作

数据库的增、删、改、查操作,即对数据库表中数据的插入、删除、更新和查询操作,本节通过一个案例熟悉如何通过 C♯语言实现对数据库表中数据的增、删、改、查操作。

14.4.1 创建员工表

微课视频

先学习创建员工表,在 scott_db 数据库中创建员工(emp)表,员工表结构如表 14-1 所示。

表 14-1　员工表

字 段 名	类 型	是否可以为 Null	主 键	说 明
EMPNO	int	否	是	员工编号
ENAME	varchar(10)	否	否	员工姓名
JOB	varchar(9)	是	否	职位
HIREDATE	char(10)	是	否	入职日期
SAL	float	是	否	工资
DEPT	varchar(10)	是	否	所在部门

创建员工表的数据库脚本文件 createdb.sql 内容如下:

```
-- 创建员工表

create table emp
(
    EMPNO       int not null,       -- 员工编号
    ENAME       varchar(10),        -- 员工姓名
    JOB         varchar(9),         -- 职位
    HIREDATE    char(10),           -- 入职日期
    SAL         float,              -- 工资
    DEPT        varchar(10),        -- 所在部门
    primary key (EMPNO)
);
```

14.4.2 插入员工数据

插入员工数据需要进行事务管理，具体代码如下：

```
//14.4.2 插入员工数据

using MySql.Data.MySqlClient;                                   // 命名空间
using System.Data.SqlClient;

namespace HelloProj
{
    internal class Program
    {
        static void Main(string[] args)
        {
            string connStr = "server = localhost;user = root;database = scott_db;port = 3306;
password = 12345";
            // 创建 Connection 对象
            using (MySqlConnection conn = new MySqlConnection(connStr))
            {
                Console.WriteLine("连接 MySQL 数据库…");
                //创建数据库连接
                conn.Open();
                Console.WriteLine("连接成功.");
                // 开始事务
                MySqlTransaction tx = conn.BeginTransaction();                    ①

                string sql = "INSERT INTO emp (EMPNO, ENAME, JOB, HIREDATE, SAL, DEPT) VALUES (@
empno,@ename,@job,@hiredate,@sal,@dept)";
                // 创建 Command 对象
                MySqlCommand cmd = new MySqlCommand(sql, conn);
                // 设置参数
                cmd.Parameters.AddWithValue("@empno", 8000);
                cmd.Parameters.AddWithValue("@ename", "刘备");
                cmd.Parameters.AddWithValue("@job", "经理");
                cmd.Parameters.AddWithValue("@hiredate", "1981-2-20");
                cmd.Parameters.AddWithValue("@sal", 16000);
                cmd.Parameters.AddWithValue("@dept", "总经理办公室");
                // 预处理 SQL 语句
                cmd.Prepare();

                try
                {
                    // 执行 SQL 语句
                    cmd.ExecuteNonQuery();                                         ②
                    // 执行成功提交事务
                    tx.Commit();                                                   ③
                    Console.WriteLine("插入数据成功.");
                }
                catch (MySqlException ex)
                {
                    // 处理 MySQL 相关的异常
                    Console.WriteLine($"发生错误:{ex.Message}");
```

```
                // 执行失败回滚事务
                tx.Rollback();                                                    ④
                Console.WriteLine("插入数据失败!");
            }
          }
        }
      }
}
```

上述代码第①行通过连接对象的 BeginTransaction() 方法获得事务对象,此时一个事务已经开始,直到事务提交或回滚。

代码第②行执行 SQL 语句,根据业务情况这里可以有多条 SQL 执行语句。

代码第③行执行成功提交事务。

代码第④行执行失败回滚事务。

14.4.3　更新员工数据

更新数据与插入数据类似,区别只是 SQL 语句不同,更新数据相关代码如下:

//14.4.3 更新员工数据

```
using MySql.Data.MySqlClient;                    // 命名空间

namespace HelloProj
{
    internal class Program
    {
        static void Main(string[] args)
        {
            string connStr = "server = localhost;user = root;database = scott_db;port = 3306;
password = 12345";
            // 创建 Connection 对象
            using (MySqlConnection conn = new MySqlConnection(connStr))
            {
            Console.WriteLine("连接 MySQL 数据库…");
            //创建数据库连接
            conn.Open();
            Console.WriteLine("连接成功.");
            // 开始事务
            MySqlTransaction tx = conn.BeginTransaction();

            string sql = "UPDATE emp SET ENAME = @ename,JOB = @job,HIREDATE = @hiredate,
SAL = @sal,DEPT = @dept WHERE EMPNO = @empno";
            // 创建 Command 对象
            MySqlCommand cmd = new MySqlCommand(sql, conn);
            // 设置参数

            cmd.Parameters.AddWithValue("@ename", "诸葛亮");
            cmd.Parameters.AddWithValue("@job", "军师");
            cmd.Parameters.AddWithValue("@hiredate", "1981 - 2 - 20");
            cmd.Parameters.AddWithValue("@sal", 8600);
            cmd.Parameters.AddWithValue("@dept", "参谋部");
```

```
        cmd.Parameters.AddWithValue("@empno", 8000);
        // 预处理 SQL 语句
        cmd.Prepare();

        try
        {
            // 执行 SQL 语句
            cmd.ExecuteNonQuery();
            // 执行成功提交事务
            tx.Commit();
            Console.WriteLine("更新数据成功.");
        }
        catch (MySqlException ex)
        {
            // 处理 MySQL 相关的异常
            Console.WriteLine($"发生错误:{ex.Message}");
            // 执行失败回滚事务
            tx.Rollback();
            Console.WriteLine("更新数据失败!");
        }
        }
    }
    }
}
```

比较 14.4.2 节的插入数据代码，可见更新数据代码只是 SQL 语句不同而已，当然绑定参数也不同。

微课视频

14.4.4　删除员工数据

删除员工数据也与更新数据和插入数据类似，只是 SQL 语句不同，删除数据相关代码如下：

```
//14.4.4 删除员工数据

using MySql.Data.MySqlClient;                    // 命名空间

namespace HelloProj
{
    internal class Program
    {
        static void Main(string[] args)
        {
            string connStr = "server = localhost;user = root;database = scott_db;port = 3306;
password = 12345";
            // 创建 Connection 对象
            using (MySqlConnection conn = new MySqlConnection(connStr))
            {
            Console.WriteLine("连接 MySQL 数据库…");
            //创建数据库连接
            conn.Open();
            Console.WriteLine("连接成功.");
```

```
                // 开始事务
                MySqlTransaction tx = conn.BeginTransaction();

                string sql = "DELETE FROM emp WHERE EMPNO = @empno";
                // 创建 Command 对象
                MySqlCommand cmd = new MySqlCommand(sql, conn);
                // 设置参数
                cmd.Parameters.AddWithValue("@empno", 8000);
                // 预处理 SQL 语句
                cmd.Prepare();

                try
                {
                    // 执行 SQL 语句
                    cmd.ExecuteNonQuery();
                    // 执行成功提交事务
                    tx.Commit();
                    Console.WriteLine("删除数据成功.");
                }
                catch (MySqlException ex)
                {
                    // 处理异常
                    Console.WriteLine($"发生错误:{ex.Message}");
                    // 执行失败回滚事务
                    tx.Rollback();
                    Console.WriteLine("删除数据 失败!");
                }

            }
        }
    }
}
```

比较更新数据和插入数据的代码,删除数据代码只是 SQL 语句不同而已,当然绑定参
数也不同。

14.4.5　查询所有员工数据

数据查询与数据插入、删除和更新有所不同,查询使用的 ExecuteReader()方法,该方
法返回 DataReader 对象,然后还需要遍历结果集,查询所有员工数据相关代码如下:

微课视频

```
//14.4.5 查询所有员工数据

using MySql.Data.MySqlClient;                 // 命名空间

namespace HelloProj
{
    internal class Program
    {
        static void Main(string[] args)
        {
            string connStr = "server = localhost;user = root;database = scott_db;port = 3306;
```

```
        password = 12345";
                    // 创建 Connection 对象

                    using (MySqlConnection conn = new MySqlConnection(connStr))
                    {

                        Console.WriteLine("连接 MySQL 数据库…");
                        //创建数据库连接
                        conn.Open();
                        Console.WriteLine("连接成功.");
                        string sql = "SELECT EMPNO,ENAME,JOB,HIREDATE,SAL,DEPT FROM emp";
                        // 创建 Command 对象
                        MySqlCommand cmd = new MySqlCommand(sql, conn);
                        // 预处理 SQL 语句
                        cmd.Prepare();

                        MySqlDataReader dr = cmd.ExecuteReader();
                        while (dr.Read())
                        {
                            string message = "员工编号:{0},员工姓名:{1},{2},{3},{4},{5}.";
                            Console.WriteLine(message, dr[0], dr[1], dr[2], dr[3], dr[4], dr[5]);
                        }
                        dr.Close();

                    }
                }
            }
```

无条件的查询不需要有参数，所以不用设置参数，也不需要事务管理，上述代码运行结果如下：

```
连接 MySQL 数据库…
连接成功.
员工编号:7521,员工姓名:WARD,SALESMAN,1981-2-22,1250,销售部.
员工编号:7566,员工姓名:JONES,MANAGER,1982-1-23,2975,人力资源部.
员工编号:7654,员工姓名:MARTIN,SALESMAN,1981-4-2,1250,销售部.
员工编号:7698,员工姓名:BLAKE,MANAGER,1981-9-28,2850,销售部.
员工编号:7782,员工姓名:CLARK,MANAGER,1981-5-1,2450,财务部.
员工编号:7788,员工姓名:SCOTT,ANALYST,1981-6-9,2350,人力资源部.
员工编号:7839,员工姓名:KING,PRESIDENT,1987-4-19,5000, 财务部.
员工编号:7844,员工姓名:TURNER,SALESMAN,1981-11-17,1500,销售部.
员工编号:7876,员工姓名:ADAMS,CLERK,1981-9-8,1100,人力资源部.
员工编号:7900,员工姓名:JAMES,CLERK,1987-5-23,950,销售部.
员工编号:7902,员工姓名:FORD,ANALYST,1981-12-3,1950,人力资源部.
员工编号:7934,员工姓名:MILLER,CLERK,1981-12-3,1250,财务部.
```

微课视频

14.4.6　按照主键查询员工数据

下面实现一个有条件查询的示例，该示例是通过员工编号（主键）进行查询，按照主键查询员工数据相关代码如下：

```
        static void FindById(int id)
        {
```

```
        string connStr = "server = localhost;user = root;database = scott_db;port = 3306;
password = 12345";
            // 创建 Connection 对象

            using (MySqlConnection conn = new MySqlConnection(connStr))
            {

                Console.WriteLine("连接 MySQL 数据库…");
                //创建数据库连接
                conn.Open();
                Console.WriteLine("连接成功.");
                string sql = "SELECT EMPNO, ENAME, JOB, HIREDATE, SAL, DEPT FROM emp WHERE EMPNO =
@empno";
                // 创建 Command 对象
                MySqlCommand cmd = new MySqlCommand(sql, conn);
                // 设置参数
                cmd.Parameters.AddWithValue("@empno", id);              ①
                // 预处理 SQL 语句
                cmd.Prepare();

                MySqlDataReader dr = cmd.ExecuteReader();
                if (dr.Read()) // 使用 if 替换 while               ②
                {
                    string message = "员工编号:{0},员工姓名:{1},{2},{3},{4},{5}.";
                    Console.WriteLine(message, dr[0], dr[1], dr[2], dr[3], dr[4], dr[5]);
                }
                dr.Close();
            }
        }
    }
```

　　上述代码第①行设置参数时的 id 是通过 FindById() 方法传递进来的,测试按照主键查询员工数据代码如下:

```
static void Main(string[] args)
{
    FindById(7566); // 按照员工编号 7566 查询数据
}
```

程序运行的结果如下:

```
连接 MySQL 数据库…
连接成功.
员工编号:7566,员工姓名:JONES,MANAGER,1982 - 1 - 23,2975,人力资源部.
```

14.5　动手练一练

编程题

　　首先,设计一个学生表,包含若干字段,然后编写 C♯ 语言程序对学生表实现增、删、改和查操作。

第 15 章

Windows 窗体开发

.NET 中用于开发图形用户界面（graphical user interface，GUI）的编程技术主要是 Windows 窗体（Windows Forms），本章介绍 Windows 窗体开发。

微课视频

15.1　第一个 Windows 窗体应用程序

开发 Windows 窗体应用程序的第一步是创建 Windows 窗体项目，可以用 Visual Studio 工具实现，具体步骤如下。

首先启动 Visual Studio，可见如图 15-1 所示的选择项目对话框。

在选择项目对话框中单击"创建新项目"按钮，进入新建项目对话框，如图 15-2 所示选择"Windows 窗体应用"。

选中完成后，单击"下一步"按钮进入如图 15-3 所示的"配置新项目"对话框，在此开发人员可以输入项目名和项目保存的目录。

图 15-1　选择项目对话框

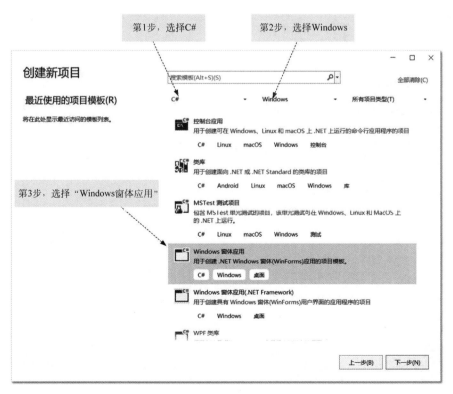

图 15-2　选择"Windows 窗体应用"

在如图 15-3 所示的"配置新项目"对话框中完成配置后，单击"下一步"按钮，进入如图 15-4 所示的"其他信息"对话框，保持默认值".NET 6.0"即可，然后单击"创建"按钮创建项目，如图 15-5 所示。

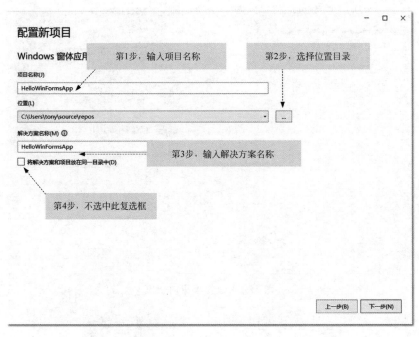

图 15-3　"配置新项目"对话框

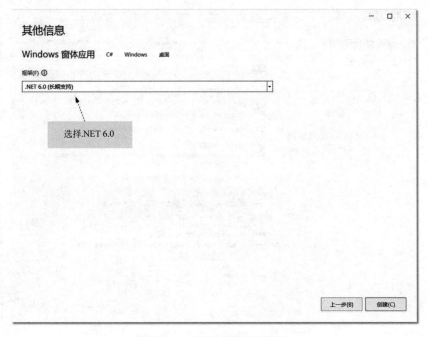

图 15-4　"其他信息"对话框

如图 15.5 所示,做如下说明。

(1) C♯ Program.cs 为主程序文件,一般不需要修改该文件。

(2) Form1.cs 为窗体布局文件,保存了窗口中控件布局相关代码。当使用窗口设计工具修改控件时,会在此文件中同步相应代码。

(3) C♯ Form1.Designer.cs 为窗口文件设计文件,在该文件中主要保存与窗口事件处理相关的代码。

(4) Form1.resx 为资源文件,保存了窗体中字符串和图标等资源信息。

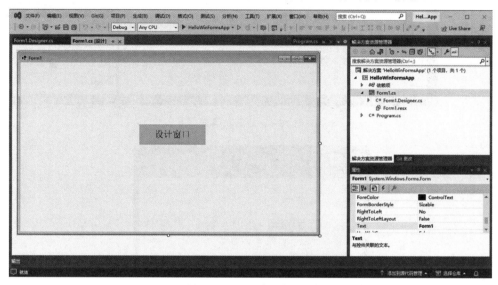

图 15-5　项目创建完成

15.1.1　添加控件

窗体项目创建成功后,就可以考虑向窗体中添加相应的控件了。为了添加控件,首先需要保证工具箱视图是可见的,如图 15-6 所示。它通常在 Visual Studio 的左侧,默认情况下是可见的。如果没有看到它,可以尝试单击菜单"视图"→"工具箱"命令,或使用快捷键 Ctrl+Alt+X 打开它。

打开工具箱后可以拖拽控件到设计窗口了,如图 15-7 所示的窗体中有两个控件:一个是 button1;另一个是 label1。

添加这两个控件的步骤如下。

1. 添加 Button

如图 15-8 所示,从工具箱中拖拽 Button 控件到设计窗口,释放鼠标后其会被自动命名为 button1。

2. 添加标签

如图 15-9 所示,从工具箱中拖拽 Label 控件到设计窗口,释放鼠标后其会被自动命名为 label1。

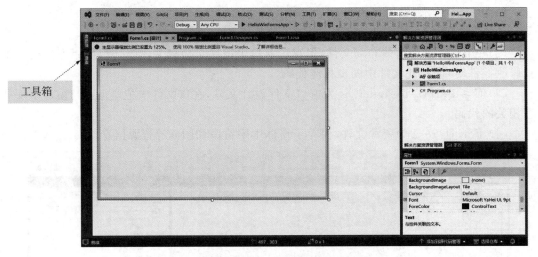

图 15-6 打开工具箱

图 15-7 设计窗口

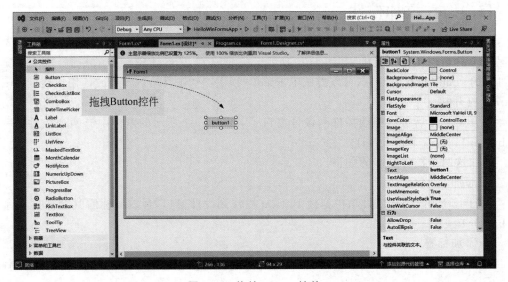

图 15-8 拖拽 Button 控件

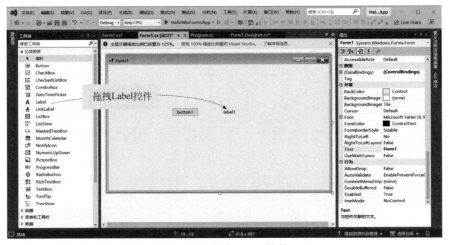

图 15-9　拖拽 Label 控件

15.1.2　设置控件属性

将控件拖拽到窗口后,通常需要设置它们的属性。例如,如果想将按钮 button1 的文本更改为 OK,则执行以下步骤:

(1)选中要设置属性的控件。

(2)打开属性窗口。可以通过单击控件并在属性面板中选择"属性"选项卡来打开属性窗口。

(3)在如图 15-10 所示的"属性"窗口中,找到 Text 属性。

(4)修改 Text 属性的值为 OK。

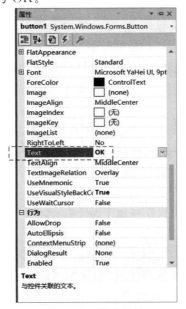

图 15-10　控件属性

添加和设置控件完成后，示例运行结果如图 15-11 所示。

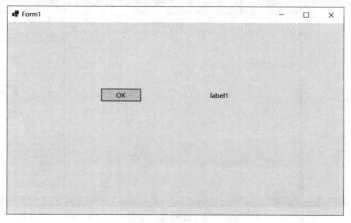

图 15-11　示例运行结果

至此，就完成了一个 Windows 窗口程序，而且没有编写一行代码，全部都是拖着控件实现的。

15.2　控件布局

控件布局就是控件在窗体中的摆放，在摆放这些控件时，用户通常希望它们对齐，因为这样看起来比较整洁。

15.2.1　布局工具栏

如果窗体中有多个控件需要对齐，一个一个地拖拽它们确实是一件费时费力的事情。好在 Visual Studio 提供了布局工具栏帮助批量布局控件，如图 15-12 所示，当选中多个控件时，布局工具栏中的按钮会自动变为可用状态，这些按钮的功能如图 15-13 所示。

15.2.2　布局控件

微课视频

一些对布局要求不是很高的窗体设计，使用布局工具栏就可以快速地对这些控件进行对齐和布局。但是如果对布局要求比较高，就需要使用布局相关的控件。在 Visual Studio 的工具箱中，可以找到容器控件，如图 15-14 所示。所谓容器控件，就是可以容纳其他控件的控件。

在容器控件中与布局有关的控件有如下两个。

1. FlowLayoutPanel

FlowLayoutPanel 是一种容器控件，可以实现流式布局效果，即将控件从左到右水平摆放，如图 15-15 所示；或从上到下垂直摆放，如图 15-16 所示。

使用 FlowLayoutPanel 如图 15-17 所示。

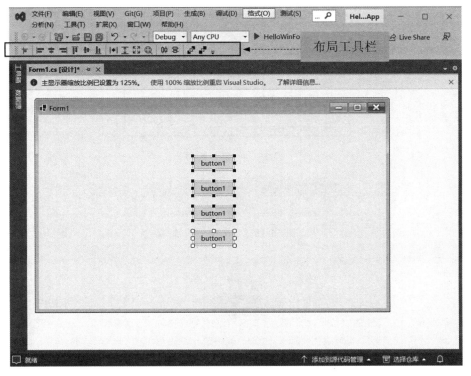

图 15-12　控件布局

图 15-13　布局按钮功能说明

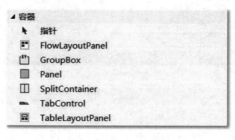

图 15-14　容器控件

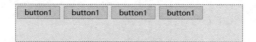

图 15-15　水平摆放控件

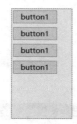

图 15-16　垂直摆放控件

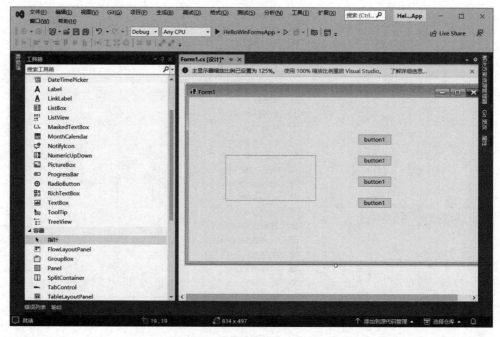

图 15-17　使用 FlowLayoutPanel

2. TableLayoutPanel

TableLayoutPanel 也是一种容器控件，可以将控件按照网格形式摆放，实现表布局效果。

默认情况下 TableLayoutPanel 只有 2 行 2 列，可以容纳 4 个控件，如图 15-18 所示，但是如果有更多的控件，则需要添加行或列，当然也可以删除多余的行或列，操作步骤如图 15-19 所示。

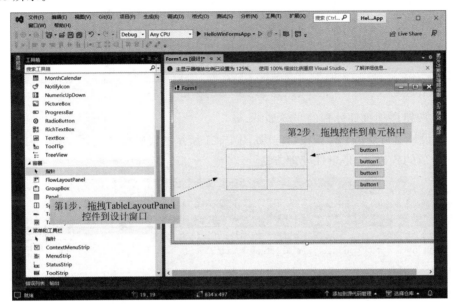

图 15-18　使用 TableLayoutPanel

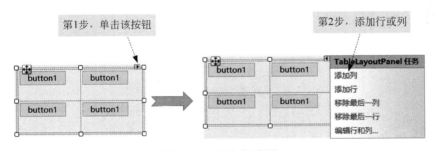

图 15-19　添加行或列

15.3　事件处理

当控件布局完成后，为了让控件对用户的操作做出响应，需要为控件添加事件处理程序。使用 Visual Studio 工具添加事件处理程序非常容易，本节将介绍如何添加事件处理程序。

微课视频

例如，在如图 15-20 所示的窗体中有两个控件，当单击 OK 按钮后，需要将标签的文本改为"世界您好"。

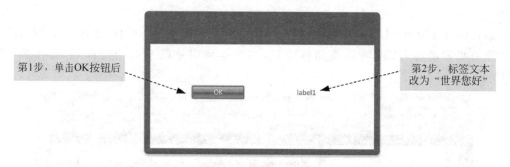

图 15-20　事件处理

为 OK 按钮添加事件处理的步骤如下。

（1）在设计窗口双击 OK 按钮，打开如图 15-21 所示的代码窗口，其中，button1_Click()方法是自动生成的代码，它是事件处理方法。

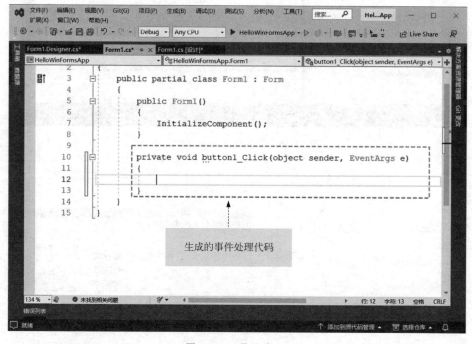

图 15-21　代码窗口

（2）在生成的事件处理方法 button1_Click()中添加代码如下：

```
label1.Text = "世界您好";
```

代码中的 label1 是标签对象，Text 是标签属性，这样就可以实现当单击 OK 按钮后修改标签内容了，读者可以运行示例代码测试一下，这里不再赘述。

15.4　常用控件

　　.NET 提供了 Windows 平台所需的标准控件,这些控件对应的类都位于 System.Windows.Forms 命名空间中。由于标准控件太多,本书不会全部介绍,本节将介绍一些常用的控件,例如窗体、文本框、复选框、单选按钮、列表框、下拉列表框、图片框和 DataGridView。

15.4.1　窗体

　　窗体类是 Form,它可以创建一个窗体或对话框,使用窗体时通常有如下几个要求。

1. 设置窗体标题

　　窗体的标题属性是 Text,设置步骤是选中窗体,然后在打开的属性窗口中找到 Text 属性,如图 15-22 所示,设置 Text 标题属性为"窗口示例"。

2. 设置窗体图标

　　窗体有一个默认图标,但有时需要修改为其他图标,窗体的图标属性是 Icon,设置步骤是选中窗体,然后在打开的属性窗口中找到 Icon 属性,如图 15-23 所示,设置 Icon 属性,单击 按钮找到准备好的图标文件即可。

図 15-22　设置窗体标题　　　　　　　図 15-23　设置窗体图标

3. 设置窗体大小

　　窗体的大小属性是 Size,设置步骤是选中窗体,然后在打开的属性窗口中找到 Size 属性,如图 15-24 所示,设置 Size 属性。

4. 设置窗体大小不可变

　　有的时候需要设置窗体大小不可变,.NET 没有这样的属性,但是开发人员可以按照图 15-25,将 Size、MaximumSize 和 MinimumSize 三个属性设置为相同即可。

5. 设置窗休启动时在屏幕的居中位置

　　设置窗体启动时在屏幕的居中位置是很实用的功能,该属性是 StartPosition,在属性窗口中将 StartPosition 设置为 CenterScreen,如图 15-26 所示。

　　上述窗体属性设置完成后运行一下看看效果,如图 15-27 所示。

15.4.2　文本框

　　前面学习过的标签控件是文本展示控件,如果需要输入文本信息,可以使用文本框控件,对应的类是 TextBox 控件。

图 15-24　设置窗体大小　　　　　　　　图 15-25　设置窗体大小不可变

图 15-26　设置窗体启动时在屏幕的居中位置　　　　图 15-27　运行效果

下面通过登录窗体示例熟悉文本框控件的使用方法，示例如图 15-28 所示，有 6 个控件，包括 2 个标签、2 个文本框（密码框也是一种文本框）、2 个按钮，其中采用了表格容器控件进行布局。

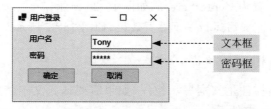

图 15-28　登录示例效果

示例实现的主要过程如下。

1. 拖拽 TextBox 到设计窗体

打开工具箱后，找到 TextBox，并将其拖拽到设计窗体，如图 15-29 所示。

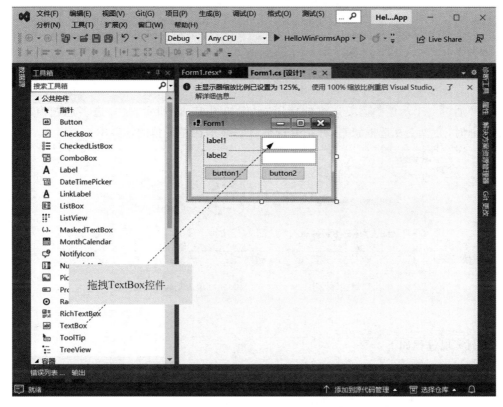

图 15-29　拖拽 TextBox 到设计窗体

2. 屏蔽密码框中输入的字符

出于安全的考虑，需要屏蔽密码框中输入的字符，具体步骤是选中密码框，然后设置 PasswordChar 属性为 ∗，如图 15-30 所示。

图 15-30　设置 PasswordChar 属性

15.4.3　复选框

复选框是一种可同时选中多项的基础控件，如图 15-31 所示，它主要有选中和未选中状态，有时也有不确定状态，.NET 提供的复选框类是 CheckBox，CheckBox 的属性取值如下：

（1）Checked（选中状态）；

（2）Unchecked（未选中状态）；

（3）Indeterminate（不确定状态）。

微课视频

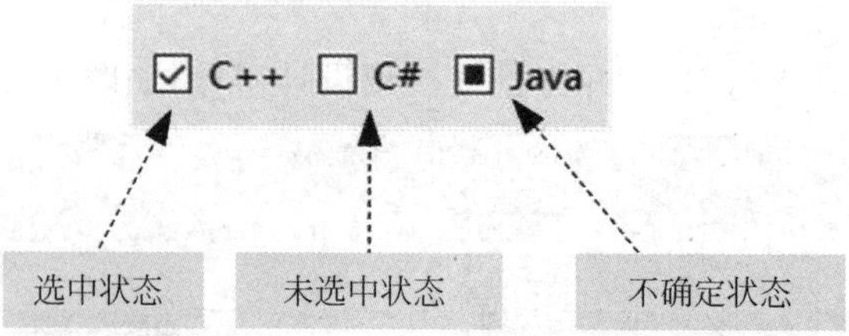

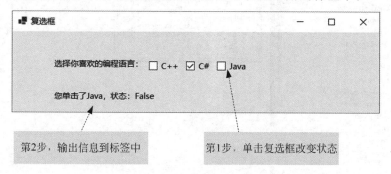

图 15-31　复选框状态

下面通过一个示例熟悉复选框的使用，示例如图 15-32 所示，是一道多选题窗口，当单击复选框时，会改变复选框状态，并把复选框状态显示在左下角的标签中。

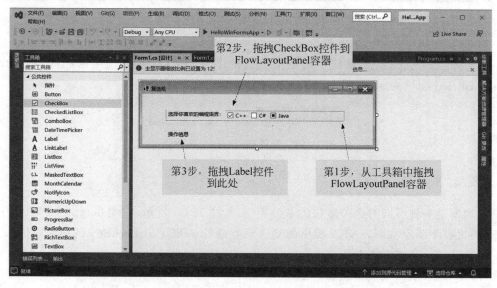

图 15-32　复选框示例效果

示例实现过程如下：

1. 窗体界面设计

参考如图 15-33 所示的设计窗体，具体实现过程不再赘述。

图 15-33　拖拽控件到设计窗体

2. 设置控件属性

为了在程序代码中方便访问 CheckBox,通常需要修改控件的 Name 属性,如图 15-34 所示,找到 Name 属性,设置为 checkBox1,以此类推,修改其他 2 个 CheckBox 的 Name 属性为 checkBox2 和 checkBox3。

| (Name) | **checkBox1** |

图 15-34 设置复选框 Name 属性

另外,还需要设置 checkBox1 的 Checked 的属性为 True,如图 15-35 所示,然后再修改 CheckState 的属性,设置为 Checked,如图 15-36 所示。

| Checked | **True** |

| CheckState | **Checked** |

图 15-35 设置复选框 Checked 属性 图 15-36 设置复选框 CheckState 属性

3. 事件处理

由于 3 个复选框事件处理代码都是类似的,这种情况下可以将 3 个复选框的 CheckedChanged 事件关联到 1 个方法上。如图 15-37 所示,将 CheckedChanged 修改为 checkBox_CheckedChanged,其他 2 个复选框也同样设置。

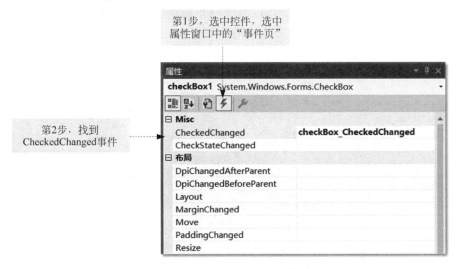

图 15-37 CheckedChanged 事件

设置完成后双击用其中 1 个复选框的 CheckedChanged 事件,打开如下代码:

…

```
private void checkBox_CheckedChanged(object sender, EventArgs e)      ①
{
    CheckBox checkBox = (CheckBox)sender;                             ②
    string msg = string.Format("您单击了{0},状态:{1}",
        checkBox.Text,
```

```
        checkBox.Checked);                                  ③
    lblMessages.Text = msg;                                 ④
}
```

...

上述代码第①行是事件处理方法，其中 sender 参数是数据源（单击的复选框对象），参数 e 是传递的参数。

代码第②行将 sender 转换为 CheckBox 对象，代码第③行字符串格式化，其中的 checkBox.Text 获得的是复选框的标签文本，checkBox.Checked 获得的是复选框的状态。

代码第④行设置标签 lblMessages 的文本信息，lblMessages 是窗口显示消息的标签。

代码编写完成后读者可以测试一下，这里不再赘述。

微课视频

15.4.4 单选按钮

单选按钮是在同一组中同时只能有一个按钮被选中，这就是单选按钮的互斥性，所以单选按钮也称为收音机按钮。.NET 提供的单选按钮类是 RadioButton，另外，为了让多个单选按钮具有互斥性，需要把它们放到同一个 GroupBox 对象，GroupBox 是一个容器。

下面通过一个示例熟悉单选按钮的使用，示例如图 15-38 所示，是 2 道单选题窗口，共有 5 个单选按钮，它们属于 2 个不同的组，同组内部是互斥的。当单击单选按钮时，会改变它的状态，并把单选按钮状态显示在左下角的标签中。

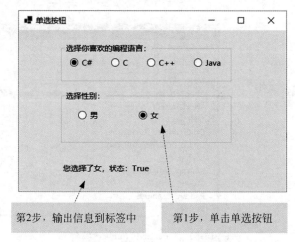

图 15-38　单选按钮示例效果

示例实现过程如下。

1. 窗体界面设计

参考如图 15-39 所示的设计窗体，第 1 步要反复添加 2 个 groupBox 容器，然后将 5 个单选按钮分别放到 2 个不同 groupBox 容器中，其他控件设计过程这里不再赘述。

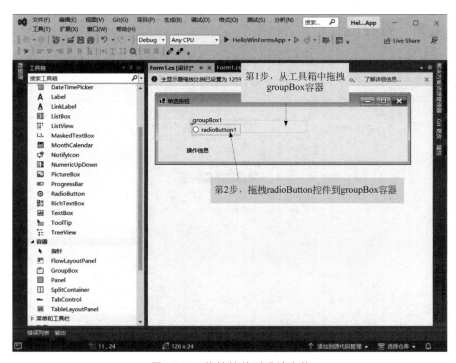

图 15-39 拖拽控件到设计窗体

2. 事件处理

由于 5 个单选按钮事件处理的代码都是类似的,需要将 5 个单选按钮 CheckedChanged 事件关联到 1 个方法上。参考 15.4.3 节将 CheckedChanged 修改为 radioButton1_CheckedChanged。

设置完成后双击其中一个单选按钮的 CheckedChanged 事件,打开如下代码:

...

```
private void radioButton1_CheckedChanged(object sender, EventArgs e)        ①
{
    RadioButton radioButton = (RadioButton)sender;                          ②
    string msg = string.Format("您选择了{0},状态:{1}",
        radioButton.Text,
        radioButton.Checked);
    lblMessages.Text = msg;


}
```

...

上述代码与 15.4.3 节示例代码类似,只是代码第①行的事件源 sender 是一个 radioButton 对象,所以代码第②行将 sender 转换为 RadioButton 对象,其他代码这里不再赘述。

微课视频

15.4.5　列表框

列表框能够展示一个列表，以便于用户选择。.NET 提供的列表框类是 ListBox。

下面通过一个示例熟悉列表框的使用，示例如图 15-40 所示，当改变列表选项时，会将选择信息显示在左下角的标签中。

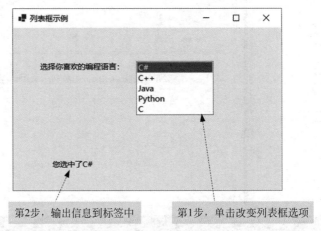

第2步，输出信息到标签中　　　　　　　第1步，单击改变列表框选项

图 15-40　列表示例效果

示例实现过程如下。

1. 窗体界面设计

参考如图 15-41 所示的设计窗体，具体实现过程这里不再赘述。

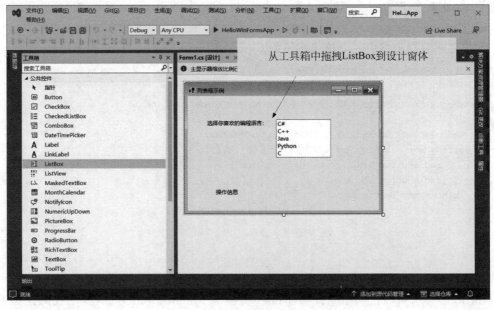

图 15-41　拖拽控件到设计窗体

2. 设置控件属性

列表框的最重要属性是 Items，它用来设置列表框中显示的列表，打开选中的列表框，找到 Items 属性，如图 15-42 所示，单击后面的 ... 按钮，弹出如图 15-43 所示的对话框，在此可以添加列表框的选项，输入完成后单击"确定"按钮关闭对话框。

图 15-42　设置列表框 Items 属性

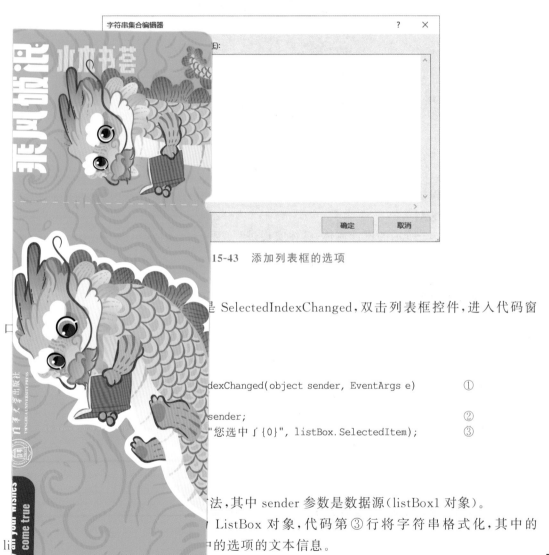

15-43　添加列表框的选项

是 SelectedIndexChanged，双击列表框控件，进入代码窗

dexChanged(object sender, EventArgs e)　　　①

sender;　　　②

"您选中了{0}", listBox.SelectedItem);　　　③

法，其中 sender 参数是数据源（listBox1 对象）。

 ListBox 对象，代码第③行将字符串格式化，其中的
中的选项的文本信息。

由于列表框太占空间了，如果窗体中控件多，可以使用下拉列表框，.NET 提供的下拉

微课视频

列表框类是 ComboBox。

下面通过一个示例熟悉下拉列表框的使用，示例如图 15-44 所示，窗体中有一个下拉列表框，用户单击下拉按钮 ▾ ，显示下拉选项，当改变选项时，会将选择信息显示在左下角的标签中。

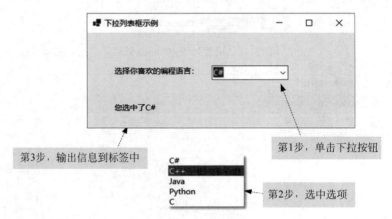

图 15-44　下拉列表框示例效果

示例实现过程如下。

1. 窗体界面设计

参考如图 15-45 所示的设计窗体，具体实现过程这里不再赘述。

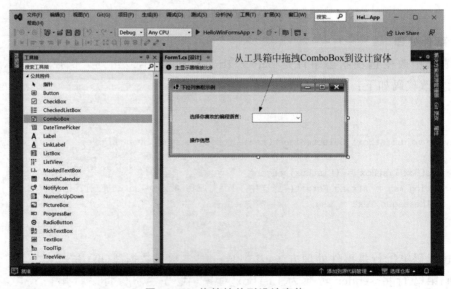

图 15-45　拖拽控件到设计窗体

2. 设置控件属性

下拉列表框与列表框的属性类似，参考 15.4.5 节设置 Items 属性，具体过程这里不再赘述。

3. 事件处理

下 拉 列 表 框 与 列 表 框 的 事 件 处 理 也 是 类 似 的，参 考 15. 4. 5 节 设 置 SelectedIndexChanged 属性，具体过程这里不再赘述。双击下拉列表框控件，进入代码窗口，然后修改代码如下：

```
...
        private void comboBox1_SelectedIndexChanged(object sender, EventArgs e)
        {
            ComboBox comboBox = (ComboBox)sender;
            string msg = string.Format("您选中了{0}", comboBox.SelectedItem);
            lblMessages.Text = msg;
        }
    }
...
```

上述代码与 15.4.5 节代码类似，这里不再赘述。

15.4.7　图片框

图片框可以显示图片，. NET 提供的图片框类是 PictureBox，下面通过一个示例熟悉图片框的使用，示例如图 15-46 所示，窗体中有一个图片框。

图 15-46　图片框示例效果

示例实现过程如下。

1. 窗体界面设计

参考如图 15-47 所示的设计窗体，其中，选择"在父容器中停靠"，可以将图片框填充整个父容器，其他过程这里不再赘述。

2. 添加窗体事件处理

事实上很多控件的初始化可以在窗体的 Load 事件中通过代码完成，下面就通过代码初始化图片框，双击窗体打开代码窗口，并修改代码如下：

```
namespace HelloWinFormsApp
```

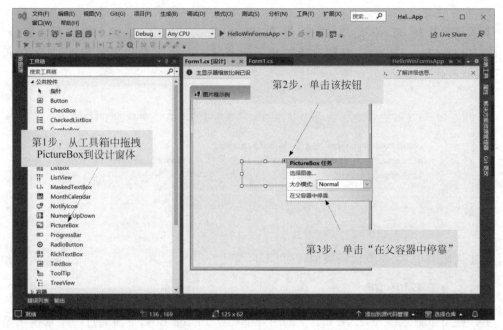

图 15-47　拖拽控件到设计窗体

```
{
    public partial class Form1 : Form
    {
        public Form1()
        {
            InitializeComponent();
        }


        private void Form1_Load(object sender, EventArgs e)                    ①
        {
            string picPath = Application.StartupPath + "\\images\\bird6.jpg";  ②
            // 加载图片
            Image image = Image.FromFile(picPath);m);                          ③
            // 设置图片框显示图片
            pictureBox1.Image = image;
            // 设置图片居中
            pictureBox1.SizeMode = PictureBoxSizeMode.CenterImage;
            // 设置图片框边框
            pictureBox1.BorderStyle = BorderStyle.Fixed3D;
        }
    }
}
```

上述代码第①行 Form1_Load()方法是窗体启动加载时调用的方法。代码第②行声明图片路径，Application.StartupPath 可以获得当前应用运行目录，当前示例的 Application.

StartupPath 获得的目录路径如下：

"c:\...\code\chapter14\17.5.6 图片框\HelloWinFormsApp\bin\Debug\net6.0 - windows".

它的内容如图 15-48 所示。

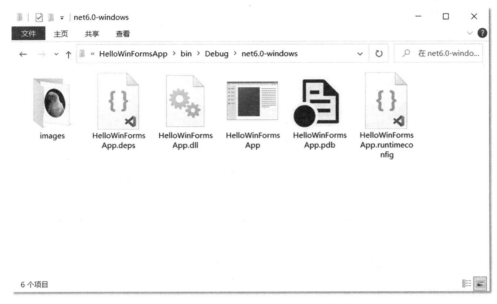

图 15-48　Application.StartupPath 内容

为了让程序将图片编译到 Application.StartupPath 目录，需要设置图片属性，在 Visual Studio 工具的解决方案资源管理器中找到图片文件右击，选择"属性"命令，弹出如图 15-49 所示的属性对话框，设置"复制到输出目录"为"如果较新则复制"。

图 15-49　图片属性

设置完成后，读者可以测试一下，这里不再赘述。

15.4.8　DataGridView

当有大量数据需要展示时，可以使用 DataGridView 控件，如图 15-50 所示，DataGridView 控件可以绑定静态和动态数据源，读者甚至不需要写一行代码就可以显示数

微课视频

据了。

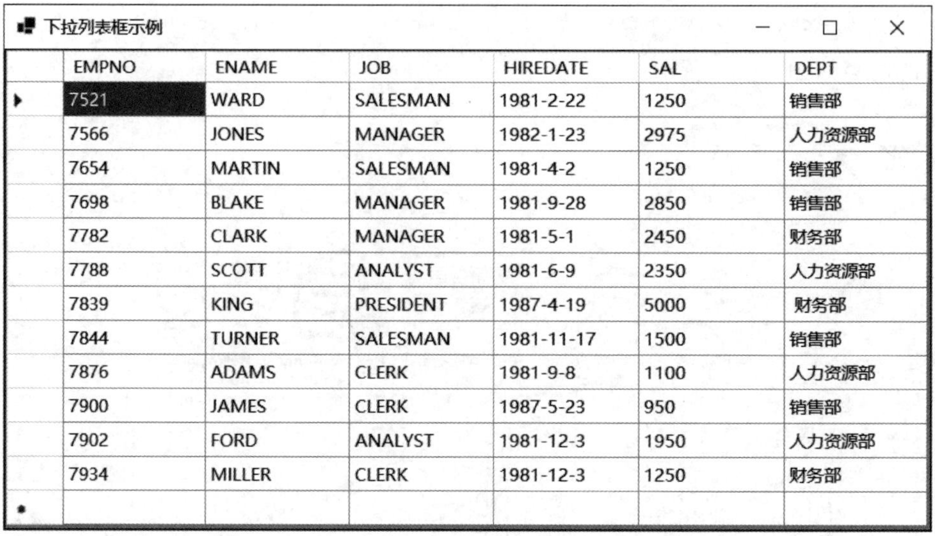
下拉列表框示例
EMPNO ENAME JOB HIREDATE SAL DEPT
7521 WARD SALESMAN 1981-2-22 1250 销售部
7566 JONES MANAGER 1982-1-23 2975 人力资源部
7654 MARTIN SALESMAN 1981-4-2 1250 销售部
7698 BLAKE MANAGER 1981-9-28 2850 销售部
7782 CLARK MANAGER 1981-5-1 2450 财务部
7788 SCOTT ANALYST 1981-6-9 2350 人力资源部
7839 KING PRESIDENT 1987-4-19 5000 财务部
7844 TURNER SALESMAN 1981-11-17 1500 销售部
7876 ADAMS CLERK 1981-9-8 1100 人力资源部
7900 JAMES CLERK 1987-5-23 950 销售部
7902 FORD ANALYST 1981-12-3 1950 人力资源部
7934 MILLER CLERK 1981-12-3 1250 财务部

图 15-50　DataGridView 控件

下面通过一个示例熟悉 DataGridView 的使用，示例如图 15-51 所示，窗体中有一个 DataGridView 控件、一个 GO 按钮和一个文本框控件。在文本框中输入查询条件，单击 GO 按钮进行查询，查询的结果显示在 DataGridView 中，需要注意的是，这个查询条件采用模糊查询，示例中所有包含字符 A 的人名数据都被查询出来了。

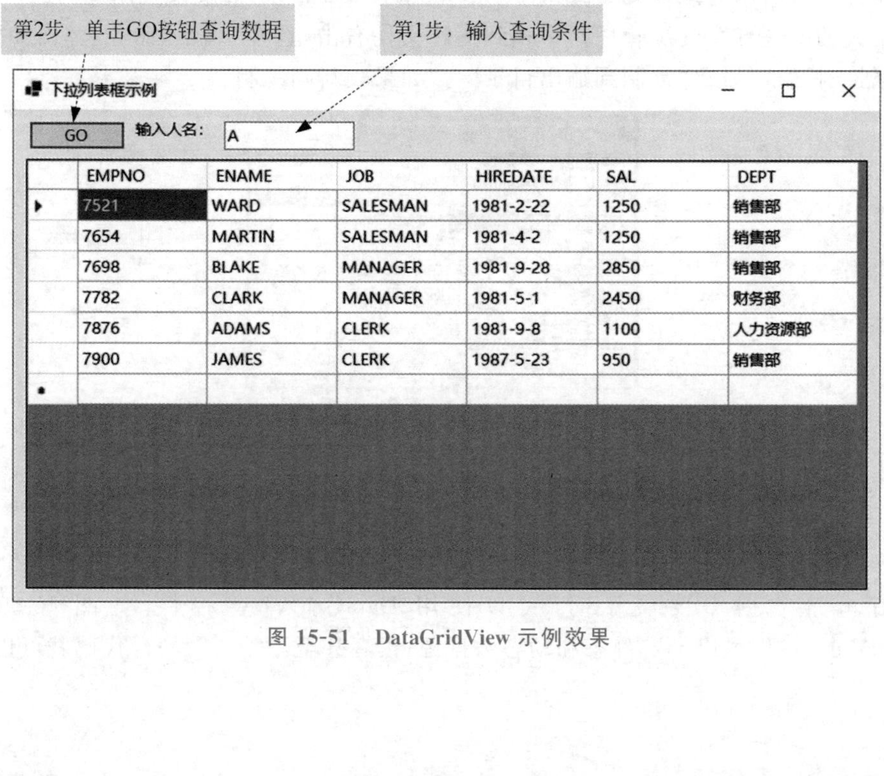
第2步，单击GO按钮查询数据
第1步，输入查询条件
下拉列表框示例
GO
输入人名：
A
EMPNO ENAME JOB HIREDATE SAL DEPT
7521 WARD SALESMAN 1981-2-22 1250 销售部
7654 MARTIN SALESMAN 1981-4-2 1250 销售部
7698 BLAKE MANAGER 1981-9-28 2850 销售部
7782 CLARK MANAGER 1981-5-1 2450 财务部
7876 ADAMS CLERK 1981-9-8 1100 人力资源部
7900 JAMES CLERK 1987-5-23 950 销售部

图 15-51　DataGridView 示例效果

示例实现过程如下。

1. 窗体界面设计

参考如图 15-52 所示设计窗体，具体实现过程这里不再赘述。

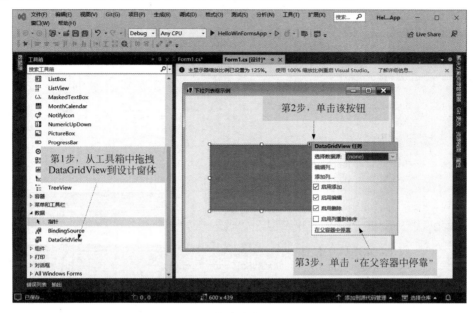

图 15-52　拖拽控件到设计窗体

2. 设置控件属性

为了让 DataGridView 控件能跟随父容器大小的改变而改变，则需要设置 Anchor 属性，不仅是 DataGridView 控件有该属性，所有的控件都有 Anchor 属性，选中 DataGridView 找到 Anchor 属性，如图 15-53 所示，双击实线或虚线进行切换。

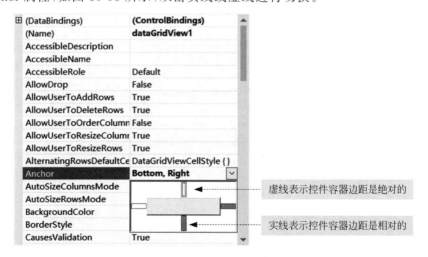

图 15-53　Anchor 属性

3. 事件处理

事件处理主要是 GO 按钮的单击事件，双击 GO 按钮进入代码窗口，然后修改代码如下：

```csharp
using System.Data;
using System.Drawing;
using MySql.Data.MySqlClient;                              // 命名空间

namespace HelloWinFormsApp
{
    public partial class Form1 : Form
    {
        public Form1()
        {
            InitializeComponent();
        }


        private void button1_Click(object sender, EventArgs e)
        {
            //初始化连接对象
            MySqlConnection con = new MySqlConnection();

            string connStr = "server = localhost;user = root;database = scott_db;port = 3306;
password = 12345";

            // 创建 Connection 对象
            con = new MySqlConnection(connStr);
            Console.WriteLine("连接 MySQL 数据库…");


            //创建数据适配器对象
            MySqlDataAdapter da = new MySqlDataAdapter();        ①
            // 创建数据源对象
            DataTable dt = new DataTable();

            string query;
            try
            {
                con.Open();
                //SQL 语句
                query = "SELECT * FROM EMP WHERE ename like @name";

                //创建 Command 对象
                MySqlCommand cmd = new MySqlCommand();

                //为 Command 对象设置连接
                cmd.Connection = con;


                if (textBox1.Text == "")
```

```
        {
            // 文本框为空时设置参数
            cmd.Parameters.AddWithValue("@name", "% %");
        }
        else
        {
            // 文本框非空时设置参数
            cmd.Parameters.AddWithValue("@name", "%" + textBox1.Text + "%");
        }

        // 预处理 SQL 语句
        cmd.Prepare();
        // 设置 Command 对象查询命令
        cmd.CommandText = query;


        // 从数据库中执行查询
        da.SelectCommand = cmd;
        // 查询到的数据,填充到数据源中
        da.Fill(dt);
        // DataGridView 设置数据源
        dataGridView1.DataSource = dt;
    }
    catch (Exception ex)
    {
        //捕获异常
        MessageBox.Show(ex.Message);                    ②
    }
    finally
    {
        // 释放资源
        da.Dispose();
        con.Close();
    }
        }
    }
}
```

　　上述代码第①行是创建数据适配器对象,适配器对象是 DataSet 和数据库之间的连接器,用于查询和保存数据。

　　上述代码第②行 MessageBox.Show()方法是显示对话框。

15.5　动手练一练

编程题

　　请设计一个包含图片框和 DataGridView 的窗体,并编写程序从学生表中查询数据到窗体中。

第 16 章

多线程开发

现代计算机、智能手机都是支持多任务的。实现多任务的方式有很多,其中多线程开发是最基础的技术之一。但对于初学者而言,相比前面所学习的内容,多线程开发可能会有一定难度。本章将介绍多线程开发的基本知识。

16.1　进程与线程

在多任务系统中,通常会涉及两个概念:进程和线程。清楚它们的区别非常重要。

16.2　进程

一般来说,能够在同一时间内执行多个程序的操作系统都会有进程的概念。一个进程就是一个正在执行中的程序,每个进程都有自己独立的一块内存空间和一组系统资源。在进程的概念中,每个进程的内部数据和状态都是完全独立的。在 Windows 操作系统中,一个进程通常对应一个 exe 或 dll 程序,它们相互独立,但也可以相互通信。

在 Windows 操作系统中,可以使用快捷键 Ctrl＋Alt＋Del 查看正在运行的进程,在 UNIX 和 Linux 操作系统中,可以使用 ps 命令查看进程。可以打开 Windows 当前运行的进程查看,如图 16-1 所示。

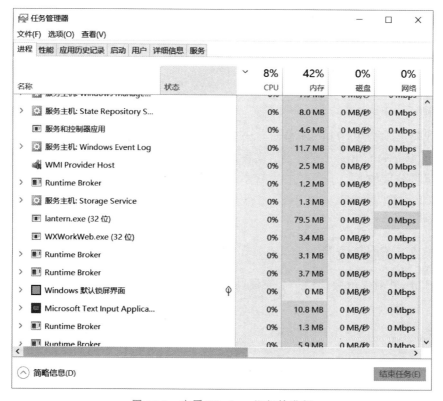

图 16-1　查看 Windows 运行的进程

16.3　线程

线程与进程类似,是一段完成某个特定功能的代码,是程序中单个顺序控制的流程。但与进程不同的是,同类的多个线程共享一块内存空间和一组系统资源。因此,系统在各个线程之间切换时，开销要比进程小得多。正因如此，线程被称为轻量级进程，一个进程中可以包含多个线程。

微课视频

16.3.1　主线程

一个 C#语言程序至少有一个线程，这个线程就是主线程，它负责管理子线程，包括子线程的启动、挂起、停止等操作。以下是获取主线程的示例代码：

```
internal class Program
{
    static void Main(string[] args)
    {
        Thread mainThread = Thread.CurrentThread;              ①
        //获取主线程
        // 设置主线程名
        mainThread.Name = "main";
        // 获得主线程名
        Console.WriteLine("主线程名:" + mainThread.Name);
        // 获得主线程状态
        Console.WriteLine("主线程状态:" + mainThread.ThreadState);
    }
}
```

上述代码第①行中，Thread 是 C♯语言的线程类，它位于 System. Threading 命名空间。Thread.CurrentThread 获得当前线程，在 Main()方法中当前线程就是主线程。

程序运行结果如下：

```
主线程名:main
主线程状态:Running
```

微课视频

16.3.2　创建线程

创建 Thread 对象就会创建一个线程，创建线程的示例代码如下：

```
//16.3.2 创建线程

internal class Program
{
    static void Main(string[] args)
    {
        // 创建线程对象
        Thread thread1 = new Thread(DoWork1);                    ①
        //启动线程
        thread1.Start(9999);                                     ②

        Program program = new Program();
        // 创建线程对象
        Thread thread2 = new Thread(program.DoWork2);            ③

        //启动线程
```

```
        thread2.Start("Hello.");                                    ④
    }

    // 静态方法
    public static void DoWork1(object data)                         ⑤
    {
        Console.WriteLine($"调用静态方法,传递参数是:{data}");
    }

    // 实例方法
    public void DoWork2(object data)
    {
        Console.WriteLine($"调用实例方法,传递参数是:{data}");
    }
}
```

上述代码第①行创建线程对象 thread1,其中构造方法中的参数 DoWork1 是线程启动后调用的方法名,它是线程入口方法,DoWork1()方法的声明见代码第⑤行,它是静态方法,该方法的参数是 object 类型,说明可以接收任何数据类型的对象。

代码第②行通过线程的 Start()方法启动线程,线程会处于就绪状态,等待 CPU 调度,如果满足条件线程开始运行,开始运行的线程会调用 DoWork1()方法。注意,线程的 Start()方法可以带有参数或省略参数。

上述代码第③行创建线程对象 thread2,其中,构造方法中的参数 program.DoWork2 是 program 实例的 DoWork2()方法,实例 DoWork2()方法的声明见代码第⑤行。

代码第④行是调用启动线程 thread2,并传递字符串参数。

程序运行结果如下:

```
调用静态方法,传递参数是:9999
调用实例方法,传递参数是:Hello.
```

16.4　线程的状态

微课视频

在线程的生命周期中,线程会有很多种状态,可以归纳为如图 16-2 所示的 5 种状态。下面分别介绍一下。

（1）未开始状态。

未开始状态是通过 new 运算符等方式创建线程对象,它仅仅是一个空的线程对象。

（2）可运行状态。

可运行状态是主线程调用新建线程的 Start() 方法后,它就进入可运行状态。此时线程尚未真正开始执行,必须等待 CPU 的调度。

（3）运行状态。

当 CPU 调度处于就绪状态的线程,线程就进入运行状态,处于运行状态的线程独占 CPU,执行线程入口方法。

（4）非运行状态。

因为某种原因，运行状态的线程会进入非运行状态，也称为 WaitSleepJoin 状态。以下几种情况会导致线程进入非运行状态：

① 当前线程调用 Sleep()方法，进入休眠状态。

② 被其他线程调用了 Join()方法，等待其他线程结束。

③ 发出 I/O 请求，等待 I/O 操作完成期间。

④ 当前线程调用 Wait()方法。

处于非运行状态的线程可以重新回到可运行状态，例如休眠结束、其他线程加入、I/O操作完成等。

（5）死亡状态。

线程正常执行后，被终止都会进入死亡状态，这意味着线程的执行结束了。这是线程生命周期中的最后一个状态。

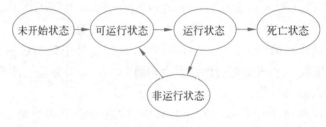

图 16-2　线程状态

16.5　线程管理

线程管理是比较头痛的事情，这是学习线程的难点。

16.5.1　线程休眠

微课视频

假设一台计算机只有一个CPU，在某个时刻只能有一个线程在运行，要让当前线程休眠，以便其他线程有机会执行，可以使用 Sleep()方法实现。该方法的完整说明如下：

public static void Sleep (int millisecondsTimeout).

其中，参数 millisecondsTimeout 表示线程休眠的毫秒数。

使用 Sleep()方法让线程休眠指定的时长，示例代码如下：

```
//16.5.1 线程休眠

internal class Program
{
    static void Main(string[] args)
    {
        // 创建线程对象
```

```
        Thread thread1 = new Thread(DoWork1);
        thread1.Name = "Tom";
        //启动线程
        thread1.Start(9999);

        Program program = new Program();
        // 创建线程对象
        Thread thread2 = new Thread(program.DoWork2);
        thread2.Name = "Jerry";
        //启动线程
        thread2.Start();
    }

    // 静态方法
    public static void DoWork1(object data)
    {

        Console.WriteLine( $ "{Thread.CurrentThread.Name}线程开始…");          ①
        for (int i = 0; i < 5; i++)
        {
            Console.WriteLine( $ "{Thread.CurrentThread.Name}线程休眠…");
            //线程休眠 2 秒
            Thread.Sleep(2000);                                              ②
        }
        Console.WriteLine( $ "{Thread.CurrentThread.Name}线程结束.");
    }

    // 实例方法
    public void DoWork2(object data)
    {
        Console.WriteLine( $ "{Thread.CurrentThread.Name}线程开始…");
        for (int i = 0; i < 5; i++)
        {
            Console.WriteLine( $ "{Thread.CurrentThread.Name}线程休眠…");
            //线程休眠 1 秒
            Thread.Sleep(1000);                                              ③
        }
        Console.WriteLine( $ "{Thread.CurrentThread.Name}线程结束.");
    }
}
```

上述代码创建了 2 个线程,代码第①行中 Thread.CurrentThread 获得当前运行线程;
代码第②行线程休眠 2 秒;代码第③行线程休眠 1 秒。

程序运行结果如下:

```
Tom 线程开始…
Jerry 线程开始…
Jerry 线程休眠…
Tom 线程休眠…
Jerry 线程休眠…
```

Tom 线程休眠…
Jerry 线程休眠…
Jerry 线程休眠…
Tom 线程休眠…
Jerry 线程休眠…
Jerry 线程结束.
Tom 线程休眠…
Tom 线程休眠…
Tom 线程结束.

16.5.2　等待线程结束

微课视频

有时候一个线程的执行会等待另外一个线程的执行结果，可以通过 Join() 方法实现。假设 t1 线程要等待 t2 线程结束，则可以在 t1 线程中调用 t2.Join() 方法，这样一来，t1 线程被阻塞，等待 t2 线程结束；如果 t2 线程结束或等待超时，则 t1 线程回到就绪状态。

Thread 类提供了多个版本的 Join() 方法，其定义如下。

（1）public void Join() 方法：等待该线程结束。

（2）public bool Join(int millisecondsTimeout) 方法：等待该线程结束。参数 millisecondsTimeout 是设置的等待时间，单位为毫秒，如果超时不再等待。

以下是使用 Join() 方法的示例代码：

```
//16.5.2 等待线程结束

internal class Program
{
    //共享变量
    static int value = 100;                                    ①

    static void Main(string[] args)
    {
        Console.WriteLine("主线程 开始…");

        // 创建线程对象
        Thread thread1 = new Thread(DoWork);
        thread1.Name = "Tom";
        //启动线程
        thread1.Start();
        // 主线程被阻塞,等待 thread1 线程结束
        Console.WriteLine("主线程被阻塞,等待 thread1 线程结束…");
        thread1.Join();                                        ②
        Console.WriteLine("value = " + value);      // 打印共享变量
        Console.WriteLine("主线程继续结束…");
    }

    // 静态方法
    public static void DoWork(object data)
    {
```

```
        Console.WriteLine("thread1 线程开始…");
        // 修改共享变量 value
        value++;                                              ③
        //线程休眠 2 秒
        Thread.Sleep(1000);
        Console.WriteLine("thread1 线程结束…");
    }
}
```

上述代码第①行声明了一个共享变量 value，它会在子线程 thread1 中修改，见代码第③行；代码第②行通过在主线程中调用 thread1.Join()方法阻塞当前线程，即主线程，等待thread1 线程结束。

程序运行结果如下：

```
主线程 开始…
主线程被阻塞,等待 thread1 线程结束…
thread1 线程开始…
thread1 线程结束…
value = 101
主线程继续结束…
```

读者将代码第②行的 thread1.Join()删除，运行结果如下：

```
主线程 开始…
主线程被阻塞,等待 thread1 线程结束…
value = 100
主线程继续结束…
thread1 线程开始…
thread1 线程结束…
```

比较两次运行结果可见，如果没有 thread1.Join()语句，程序会马上打印输出变量value，事实上此时 thread1 线程还没有结束。

16.6　线程同步

在多线程环境下，访问相同的资源，有可能会引发线程不安全问题。本节讨论引发这些问题的根源和解决方法。

16.6.1　线程不安全问题

多个线程同时运行，有时线程之间需要共享数据，一个线程可能需要其他线程的数据，否则就不能保证程序运行结果的正确性。

例如某航空公司销售机票，每一天机票数量是有限的，很多售票点同时销售这些机票。模拟一个机票销售系统，示例代码如下：

微课视频

```
//16.6.1 线程不安全问题
```

```csharp
//机票数据库
public class TicketDB
{
    // 机票的数量
    private int ticketCount = 5;                              ①

    // 获得当前机票数量
    public int GetTicketCount()                              ②
    {
        return ticketCount;
    }
    // 销售机票
    public void SellTicket()                                 ③
    {
        // 线程休眠,阻塞当前线程,模拟等待用户付款
        Thread.Sleep(1000);                                  ④
        ticketCount -- ;                                     ⑤
    }
}
```

上述代码模拟机票销售过程,代码第①行是声明机票数量的成员变量 ticketCount,这是模拟当天可供销售的机票数,为了测试方便,初始值设置为 5。代码第②行定义了获取当前机票数的 GetTicketCount()方法。代码第③行是销售机票方法,售票网点查询出有没有票可以销售,会调用 SellTicket()方法销售机票,这个过程中需要等待用户付款,付款成功后,会将机票数减 1,见代码第⑤行。为模拟等待用户付款,在代码第④行使用了 Sleep()方法让当前线程阻塞。

通过多个线程模拟多个售票网点售票,实现代码如下:

```csharp
internal class Program
{

    static void Main(string[] args)
    {

        //创建机票数据库 TicketDB 对象 db
        TicketDB db = new TicketDB();

        // 创建线程对象,模拟售票网点 1
        Thread thread1 = new Thread(DoWork1);

        //启动线程,将 db 对象传递给线程
        thread1.Start(db);

        // 创建线程对象,模拟售票网点 2
        Thread thread2 = new Thread(DoWork2);
        //启动线程,将 db 对象传递给线程
        thread2.Start(db);
    }
```

```
// 线程 1 入口方法
public static void DoWork1(object data)
{
    TicketDB db = (TicketDB)data;                    ①
    while (true)                                     ②
    {
        if (!Job(db))                                ③
        {
            break;                                   // 无票退出
        }
    }
}

// 线程 2 入口方法
public static void DoWork2(object data)
{
    TicketDB db = (TicketDB)data;
    while (true)
    {
        if (!Job(db))
        {
            break;                                   // 无票退出
        }
    }
}

// 售票过程
private static bool Job(TicketDB db)
{

    int currTicketCount = db.GetTicketCount();       ④
    // 查询是否有票
    if (currTicketCount > 0)                          ⑤
    {
        db.SellTicket();                             ⑥
    }
    else
    {
        return false;                                // 无票
    }
    // 打印售票日志
    Console.WriteLine( $ "{currTicketCount}号票售出.");
    return true;                                     // 有票

}
}
```

上述代码第①行是从参数 data 中取出 TicketDB 对象；代码第②行通过一个死循环模拟一直售票，直到没有票结束；代码第③行调用 Job()方法实现售票；代码第④行获得库存中售数；代码第⑤行查询是否有票；代码⑥行将票数减一，实现售票完成。

程序运行结果如下：

```
5 号票售出.
5 号票售出.
3 号票售出.
3 号票售出.
1 号票售出.
1 号票售出.
```

从示例代码运行结果可见，每一张票都卖出两次，这是因为多个线程同时访问相同资源所导致的线程不安全问题。

16.6.2　互斥锁

微课视频

C#语言提供了"互斥"机制，可以为这些共享资源对象加上一把"互斥锁"，使得在任何时刻只能有一个线程访问该共享资源，即使该线程出现阻塞，该对象的被锁定状态也不会解除，其他线程仍不能访问该对象，这就是多线程同步。

在C#语言中，加锁是通过 lock 语句实现的，其语法格式如下：

```
lock(expression) 语句块
```

使用 lock 语句修改 16.6.1 节示例，代码如下：

```
//16.6.2 互斥锁

//机票数据库
public class TicketDB
{
    // 机票的数量
    private int ticketCount = 5;

    // 获得当前机票数量
    public int GetTicketCount()
    {
        return ticketCount;
    }
    // 销售机票
    public void SellTicket()
    {
        // 线程休眠,阻塞当前线程,模拟等待用户付款
        Thread.Sleep(1000);
        ticketCount -- ;
    }
}


internal class Program
{

    static void Main(string[] args)
    {
```

```
    //创建机票数据库 TicketDB 对象 db
    TicketDB db = new TicketDB();

    // 创建线程对象,模拟售票网点 1
    Thread thread1 = new Thread(DoWork1);

    //启动线程,将 db 对象传递给线程
    thread1.Start(db);

    // 创建线程对象,模拟售票网点 2
    Thread thread2 = new Thread(DoWork2);
    //启动线程,将 db 对象传递给线程
    thread2.Start(db);
}


// 线程 1 入口方法
public static void DoWork1(object data)
{
    TicketDB db = (TicketDB)data;
    while (true)
    {
        if (!Job(db))
        {
            break; // 无票退出
        }
    }
}

// 线程 2 入口方法
public static void DoWork2(object data)
{
    TicketDB db = (TicketDB)data;
    while (true)
    {
        if (!Job(db))
        {
            break;                          // 无票退出
        }
    }
}

// 售票过程
private static bool Job(TicketDB db)
{
    //对 db 对象加锁
    lock (db)                                                   ①
    {                                                           ②
        int currTicketCount = db.GetTicketCount();
        // 查询是否有票
        if (currTicketCount > 0)
```

```
        {
            db.SellTicket();
        }
        else
        {
            return false;                    // 无票
        }
        // 打印售票日志
        Console.WriteLine( $ "{currTicketCount}号票售出.");
        return true;                        // 有票

    }                                                               ③
    }
}
```

上述代码第①行对 db 对象加锁,代码第②～③行是锁的范围。

上述代码运行结果如下：

5 号票售出.
4 号票售出.
3 号票售出.
2 号票售出.
1 号票售出.

比较 16.6.1 节示例代码运行结果,不难发现这次虽然是有 2 个线程同时售票,但是没有出现一张票多次出售的情况。

16.7　动手练一练

编程题
编写一个线程实现每隔 1 小时向学生表中插入一条数据。

动手练一练参考答案

第 1 章　直奔主题——编写你的第一个 C♯语言程序

编程题

（1）答案（省略）　　　　（2）答案（省略）

第 2 章　C♯语言基本语法

1. 选择题

（1）答案：B　　　　（2）答案：BCD

2. 判断题

（1）答案：错　　　　（2）答案：对

第 3 章　C♯语言数据类型

选择题

（1）答案：A　　　　（2）答案：A

（3）答案：CD　　　　（4）答案：ACD

第 4 章　运算符

选择题

（1）答案：BD　　　　（2）答案：BC

（3）答案：A　　　　（4）答案：AC

第 5 章　条件语句

1. 选择题

（1）答案：ABC　　　　（2）答案：B

2. 判断题

（1）答案：错　　　　（2）答案：对

（3）答案：错

第 6 章　循环语句

选择题

（1）答案：B　　　　（2）答案：B

（3）答案：D　　　　（4）答案：E

（5）答案：CD

第 7 章　面向对象基础

1．选择题

（1）答案：D　　　　　　　（2）答案：CD

（3）答案：ABCD　　　　　（4）答案：AD

（5）答案：BCD

2．判断题

答案：对

第 8 章　面向对象进阶

1．选择题

（1）答案：AD　　　　　　（2）答案：A

（3）答案：AD　　　　　　（4）答案：A

2．判断题

答案：对

第 9 章　委托、匿名方法和 Lambda 表达式

1．选择题

（1）答案：A　　　　　　　（2）答案：B

2．判断题

（1）答案：对　　　　　　（2）答案：对

第 10 章　.NET 常用类

选择题

（1）答案：ABC　　　　　（2）答案：ABC

（3）答案：AD　　　　　　（4）答案：AD

第 11 章　集合

选择题

（1）答案：AC　　　　　　（2）答案：AB

（3）答案：ABCD　　　　　（4）答案：ABCD

第 12 章　提高程序的健壮性与异常处理

选择题

（1）答案：BCD　　　　　（2）答案：C

（3）答案：B　　　　　　　（4）答案：B

第 13 章　I/O 流

编程题

答案：（略）

第 14 章　MySQL 数据库编程

编程题

答案：（略）

第 15 章　Windows 窗体开发

编程题

答案：（略）

第 16 章　多线程开发

编程题

答案：（略）